ÉTUDE COMPLÈTE

SUR LES

PHOSPHATES

———

ATLAS

ÉTUDE COMPLÈTE

SUR LES

PHOSPHATES

PAR

A. DECKERS

INGÉNIEUR

* — ◆ — *

Atlas contenant 250 Figures

* — ◆ — *

LIÉGE

IMPRIMERIE LIÉGEOISE, H. PONCELET, ÉDITEUR

Rue des Clarisses, 48

—

1894

ATLAS

TABLE DES MATIÈRES

Fig.   1   Tige d'acier pour sondage.

—   2   Tarrière   id.

—   3   Tire-bouchon   id.

—   4   Bonnet de prêtre pour sondage.

—   5   Lances   id.   *a, b.*

—   6   Louches   id.   *a, b, c.*

—   7   Bout mâle, bout femelle.

—   8   Clefs pour le vissage et le dévissage de la ligne de tiges *a, b, c.*

—   9   Trépied pour sondage avec la ligne de tiges.

— 10   Tête de sonde.

— 11   Exploitation à ciel ouvert.

— 12   Pelle.

— 13   Escoupe

— 14   Brouette

— 15   Transporteur de déblais

— 16   Excavateur.

— 17   Transporteur aérien.

— 18   Bateau-dragueur.

— 19   Pompe-dragueuse.

— 19*bis*   id.   placée sur bateau.

— 20   Treuil à bras placé sur un puits.

— 21   Conduite d'aérage à pavillon mobile placée dans un puits.

— 22   Exploitation souterraine se faisant exclusivement à bras d'homme

— 23   Taille avant remblayage. — Taille après remblayage.

— 24   Exploitation du Boulonnais

— 25   Plan incliné servant à l'extraction.

— 26   Revêtement en bois de puits d'extraction mécanique.

— 26*bis*   Id.   en maçonnerie   id.   id.

— 26*ter*   Id.   métallique   id.   id.

— 27   Guidonnage formé de rails Vignolle.

— 28   Id.   id   par des câbles-guides.

— 29   Châssis à molettes en fer.

— 30   Id.   en bois.

— 31   Jeu de taquets.

— 31*bis*   Taquet

— 32   Cage d'extraction.

Fig. 32*bis* Etriers remplaçant la cage d'extraction.
 —   33   Bobines d'extraction.
 —   34   Tambour   id.   à câble unique.
 —   35   Id.   id.   id. double.
 —   36   Treuil d'extraction mû par courroies.
 —   37   Id.   id.   par courant électrique.
 —   38   Exploitation par remblais par double équipe.
 —   39   Rivelaine.
 —   39*bis* Pic.
 —   40   Bretelle de hiercheur.
 —   41   Hache de mine r.
 —   42   Exploitation par gredins renversés.
 —   42*bis*   Id.   id   droits
 —   43   Id.   en travers.
 —   44   Id.   par pilliers abandonnés.
 —   45   Id.   id.   coupes verticales.
 —   46   Séchoir à phosphate, four à réverbère.
 —   47   Id.   id.   à étages
 —   48   Séchage au bois.
 —   49   Séchoir Ruelle.
 —   50   Id.   Thonnar et Tixhon.
 —   51   Id.   à chicanes.
 —   52   Id.   Lebrun et Fouarge.
 —   53   Id.   à plaques.
 —   54   Plaque de fonte ordinaire.
 —   55   Id.   renforcée
 —   56   Séchoir à tubes.
 —   57   Désagrégateur Karr, 1er dispositif.
 —   58   Cages du désagrégateur Karr.
 —   59   Désagrégateur Karr, 2e dispositif.
 —   60   Broyeur Vapart.
 —   61   Id.   Carter.
 —   62   Id.   Jamart.
 —   63   Id.   Bour lais.
 —   64   Id.   id.   (autre dispositif).
 —   65   Cyclone pulvérisateur.
 —   66   Broyeur Sturtevant.
 —   67   Moulin à cylindres.
 —   68   Id.   id.   doubles.
 —   69   Id.   id.   épicicloïdaux ou à vis.
 —   70   Id.   Excelsior Vue du disque.
 —   71   Meules verticales simples.
 —   71*bis*   Id.   id.   doubles.
 —   72   Id.   horizontales.
 —   73   Potence.
 —   74   Installation en cercle de meules horizontales.
 —   75   Id.   ligne   id.
 —   76   Meule rhabillée.
 —   77   Moulin à gobilles.
 —   78   Id.   Griffin.

Fig. 79 Concasseur à simple effet à simple mâchoire mobile.
— 80 Id. id. double id.
— 81 Id. double id. simple id.
— 8 *bis* Id. id. id. double id.
— 82 Mâchoire cannelée.
— 83 Blutoir cylindrique.
— 84 Id. hexagonal.
— 85 Tamis à secousses.
— 86 Vis transporteuse.
— 87 Transporteur à courroie.
— 88 Rouleau intermédiaire de transporteur à courroie.
— 89 Id. d'angle id.
— 90 Chariot mobile se mouvant à la main id.
— 91 Id. par manivelle id.
— 92 Transporteur à courroie guidée par chaine de Galles ou de Vaucanson.
— 93 Transporteur-traineur.
— 94 Id. à double chaine.
— 95 Godet estampé.
— 96 Id. rivé.
— 97 Chaine à godets à courroie.
— 98 Boulons pour fixer les godets sur la courroie.
— 99 Chaine à maillons ordinaires *a*, *b*.
— 100 Id. Vaucanson.
— 101 Id. Ewart.
— 102 Id. Galles.
— 103 Id. Dodge.
— 104 Id. Leye.
— 105 Id. Gray.
— 106 Chaine Standart.
— 107 Id. Vilain.
— 108 Cuvette en fonte de chaine à Godets.
— 109 Téte de chaine à godets.
— 110 Chaine à godets métalliques guidée.
— 110*bis* Distributeur de chaine à godets.
— 111 Brouette à sacs.
— 112 Monte charges à cages à double mouvement.
— 113 Id. à chaine portant directement les wagonnets.
— 114 Monte-sac à corde.
— 115 Id. à chaise porteuse mû par courroie.
— 116 Id. id. à la main.
— 117 Ensacheur-chargeur automatique.
— 118 Ensacheur automatique.
— 118*bis* Ceinture d'ensacheur.
— 119 Plancher mobile de magasin à sacs de phosphate.
— 120 Magasin de sacs de phosphate classés par partie de 10 T.
— 121 Usine à phosphate.
— 122 Lavoir à bras du Boulonnais.
— 123 Croc à trois dents.
— 124 Rofle perforé.

Fig. 125   Id.   ordinaire.
 —   126   Lavoir à bras des Ardennes et de la Meuse.
 —   127   Malaxeur horizontal.
 —   128   Vis d'Archimède excentrée.
 —   129   Débourbeur.
 —   129*bis* Débourbeur roulant sur galets.
 —   130   Trommel-débourbeur et classeur.
 —   131   Trommels-débourbeurs et classeurs en cascade.
 —   132   Grille.
 —   133   Trommel-classeur.
 —   134   Table à secousses.
 —   135   Laveur Fontaine.
 —   136   Colonne Solvay.
 —   137   Classeur conique ou spitzkasten.
 —   138   Id.   Bouchez.
 —   139   Classificateur ou stromgerin.
 —   140   Crible simple continu.
 —   141   Id.   double   id.
 —   142   Id.   circulaire continu Castelnau.
 —   143   Table de Brünton.
 —   144   Transporteur-classificateur Solvay.
 —   145   Caisson et labyrinthe.
 —   146   Table fixe circulaire à balais mobiles.
 —   147   Table dormante.
 —   148   Table tournante.
 —   149   Id.   ronde, système Linkenbach.
 —   150   Enrichisseur de fines, système Castelnau.
 —   151   Epure.
 —   152   Table tournante de triage.
 —   153   Claie.
 —   153*bis* Billard.
 —   154   Trieur à vent.
 —   155   Cyclone ou accumulateur de poussières.
 —   156   Wagon-citerne agréé par l'État-Belge.
 —   157   Id.   en vidange à air libre.
 —   158   Id.   id.   à air comprimé.
 —   159   Monte-acide.
 —   160   Pompe à acide.
 —   161   Réservoir à acide sulfurique.
 —   162)
 —   163 } Différentes formes de siphons.
 —   164)
 —   165   Brise-jet.
 —   165*bis*   Id.   (autre dispositif).
 —   166   Bateau-transporteur d'acide sulfurique.
 —   167   Tourie à acide sulfurique.
 —   168   Plan général d'une usine à superphosphate.
 —   169   Jaugeur à acide sulfurique.
 —   170   Pince à crémaillère.
 —   171   Jaugeage par pesée.

Fig. 172   Flotteur-régulateur.
— 172*bis* Chalumeau.
— 173   Appareil producteur d'hydrogène.
— 174   Soufflet à air.
— 175   Soudure horizontale.
— 176   Id.   montante.
— 177   Pétrin mécanique à axe horizontal.
— 178   Malaxeur à axe horizontal et à double ailette.
— 179   Id.   id. vertical à palettes fixées direct. sur l'arbre.
— 180   Id.   id. à ailettes horizontales et à palettes verticales.
— 181   Chambre à superphosphate.
— 182   Colonne à coke d'épuration.
— 183   Séchoir à superphosphate.
— 184   Wagonnet à étages.
— 185   Séchoir-transporteur.
— 186   Broyeur Karr modifié.
— 187   Concasseur.
— 188   Cuve à dissolution.
— 189   Monte-jus doublé de plomb.
— 190   Pompe à membrane.
— 191   Filtre-presse.
— 192   Coupes de rainures de plateau de filtre-presse.
— 193   }
— 194   } Système de serrage de presse.
— 195   Série de filtre-presses.
— 196   Concentration par la vapeur.
— 197   Id.   dans des cuviers avec foyer intérieur.
— 198   Id.   id.   (autre dispositif).
— 199   Id.   id.   id.
— 200   Id.   dans des fours à réverbère.
— 201   Id.   id   à bassin muni d'agitateurs.
— 202   Agitateurs.
— 203   Séchoir à phosphate précipité.
— 204   Convertisseur.
— 205   Appareil magnétique.
— 206   Moulin à noix.
— 207   Broyeur-granulateur système Weidknecht.
— 208   Dégraisseur à double-fond.
— 209   Autoclave.
— 210   Id.   avec panier.
— 211   Filtre à noir.
— 212   Vis d'Archimède avec tuyau d'arrosage.
— 213   Laveur Klusemann.
— 214   Id.   Barbet.
215   Id.   autrichien.
— 216   Id.   universel-rotatif.
— 217   Coupe-gisement du Cambresis.
— 218   Carte du bassin phosphaté de Liège.
219   Coupe-gisement de Liège.
— 220   Carte du bassin phosphaté de la Caroline.

— 221 Coupe d'un gisement de *land phosphate* de la Caroline.

— 222   Id. de la rivière Coosaw.

— 223 Carte du bassin phosphaté de la Floride.

— 224 Champ de recherches.

— 225 Coupe d'un gisement de phosphate de rivière et de campagne de la Floride

— 226 Coupe d'un gisement de phosphate de roche et de campagne de la Floride.

— 227 Coupe d'un gisement de craie phosphatée du Hainaut.

— 228   Id.   id   de phosphate riche   id.

229 Carte du bassin phosphaté du Hainaut.

— 230   Id.   id.   de la Picardie

— 231 Coupe d'un gisement de phosphate de la Picardie

— 232 Carte du bassin phosphaté du Canada

— 233 Cours de l'apatite.

— 234 Sonde d'échantillonneur.

— 235 Plan d'échantillonnage.

— 236 Flacon d'échantillon.

— 237 Appareil à dosage densimétrique.

— 238   Id.   Scheibler.

— 239   Id.   à doser l'acide carbonique, pouvant servir en même temps au dosage de l'azote ammoniacal.

— 240 Appareil à doser l'acide carbonique par perte de poids.

— 241   Id.   id.   id.   id.

— 242   Id.   id.   id.   id.

— 243 Tube à boules de Liebig.

— 244 Appareils pour le titrage par le fer métallique.

— 245 Tube pour le dosage du fluor.

— 246 Chalumeau.

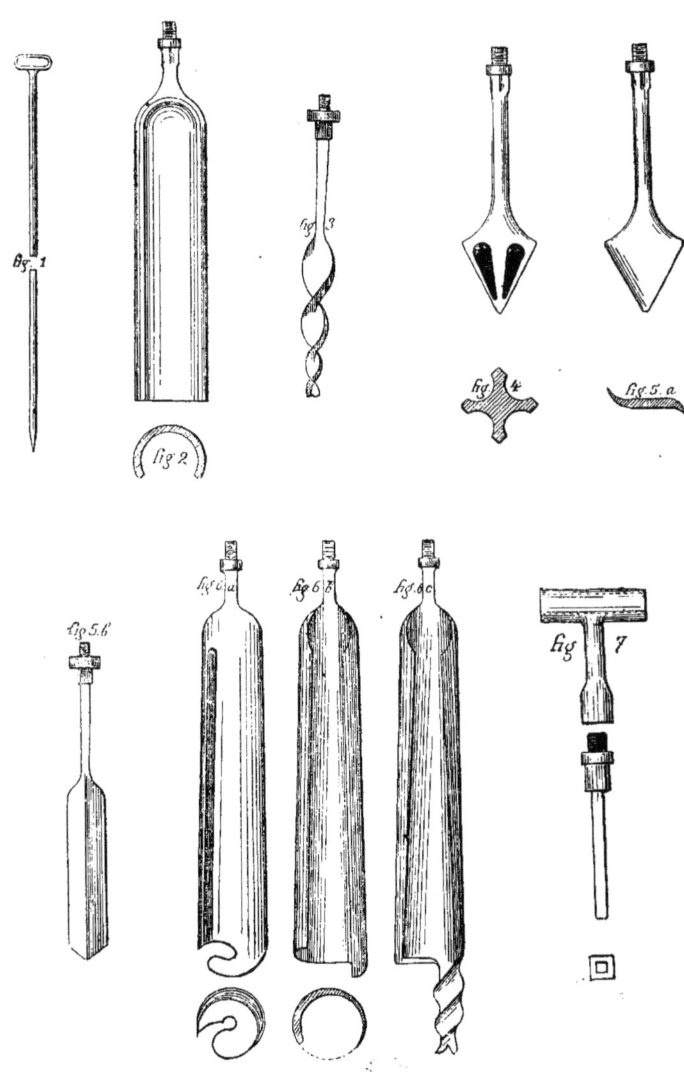

Fig. 1, Tige d'acier pour sondage. — Fig. 2, Tarrière id. — Fig. 3, Tire-bouchon id. — Fig. 4, Bonnet de prêtre id. — Fig. 5a, 5b, Lances id.— Fig. 6a, 6b, 6c, Louches id. — Fig. 7, Bout mâle, bout femelle.

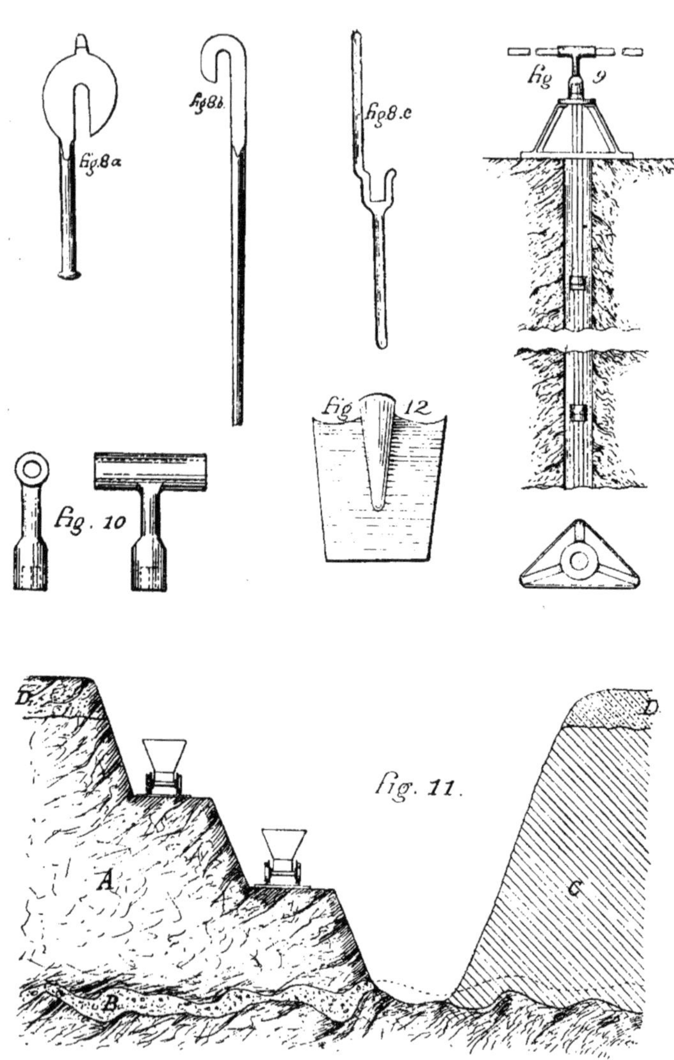

Fig. 8a, 8b, 8c, Clefs pour le vissage et le dévissage de la ligne de tiges. — Fig. 9, Trépied pour sondage avec la ligne de tiges. — Fig. 10, Tête de sonde. — Fig. 11, Exploitation à ciel ouvert. — Fig. 12, Pelle.

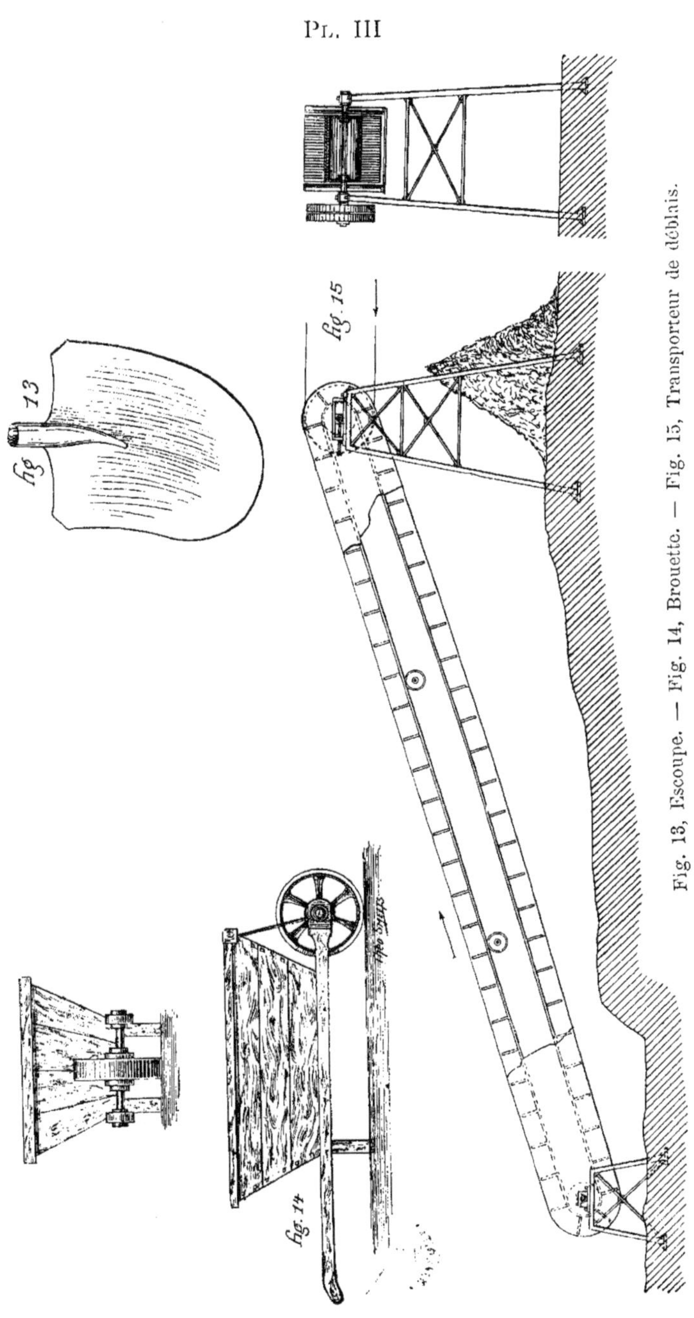

Fig. 13, Escoupe. — Fig. 14, Brouette. — Fig. 15, Transporteur de déblais.

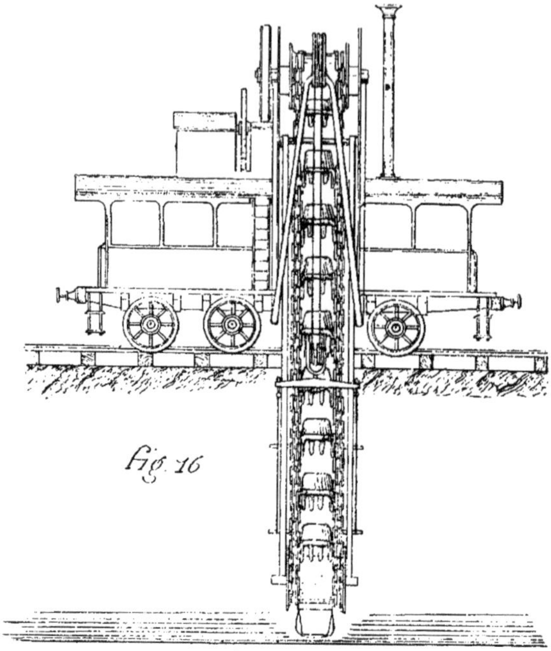

Fig. 16

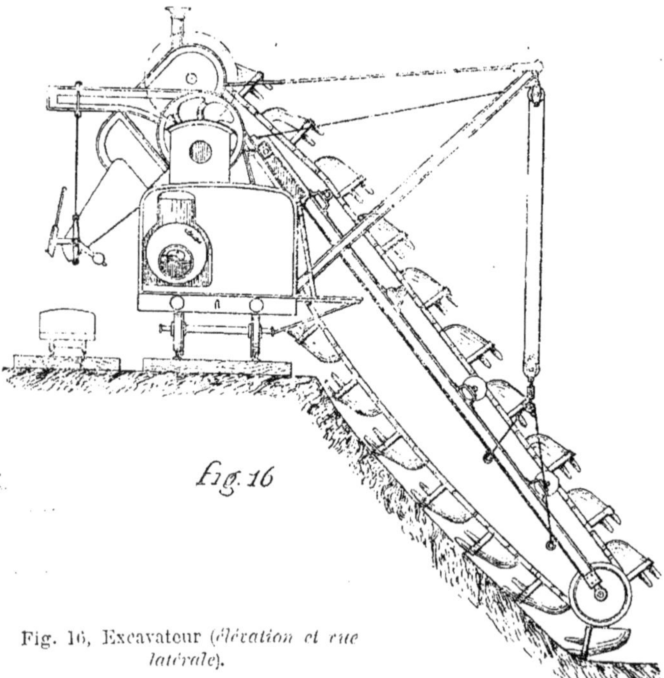

Fig. 16

Fig. 16, Excavateur (*élévation et vue latérale*).

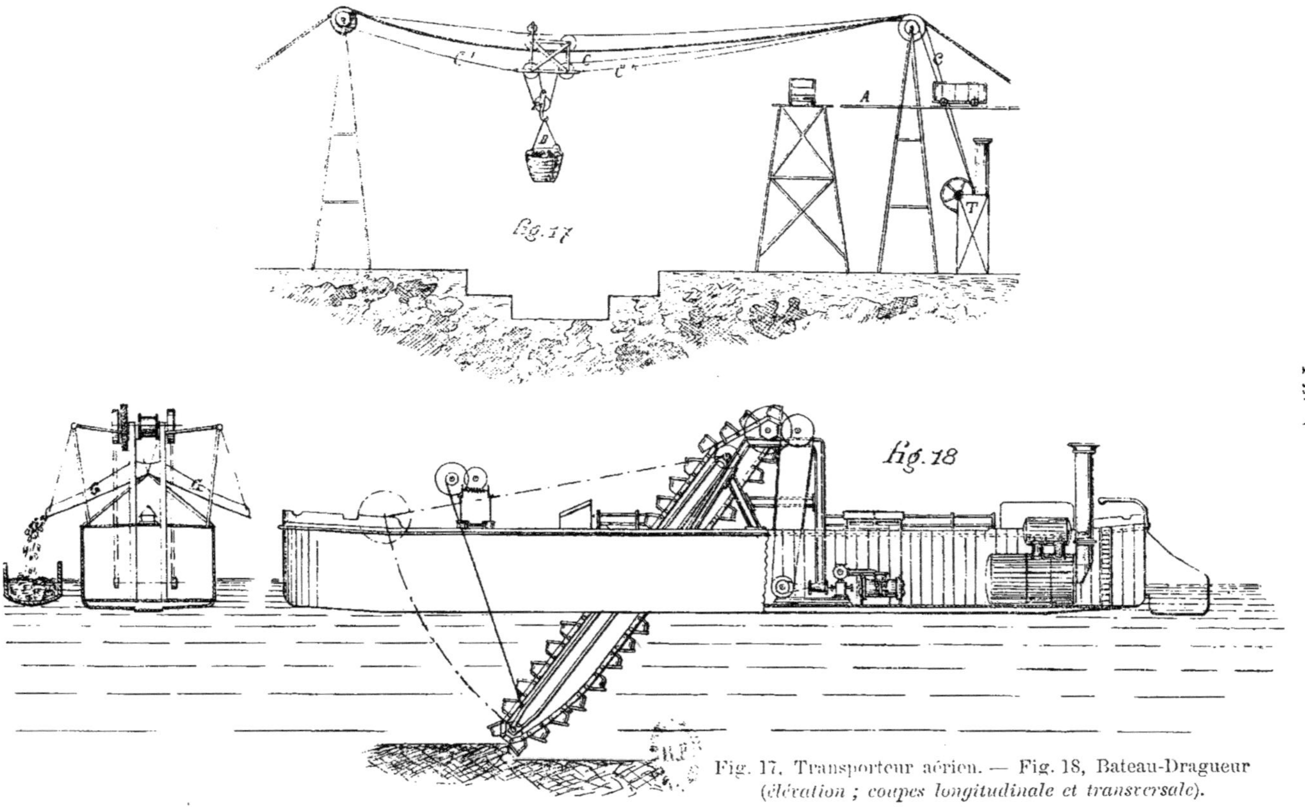

Fig. 17, Transporteur aérien. — Fig. 18, Bateau-Dragueur
(élévation ; coupes longitudinale et transversale).

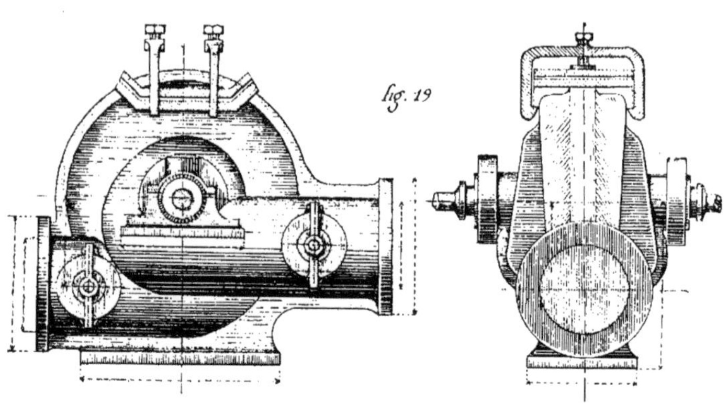

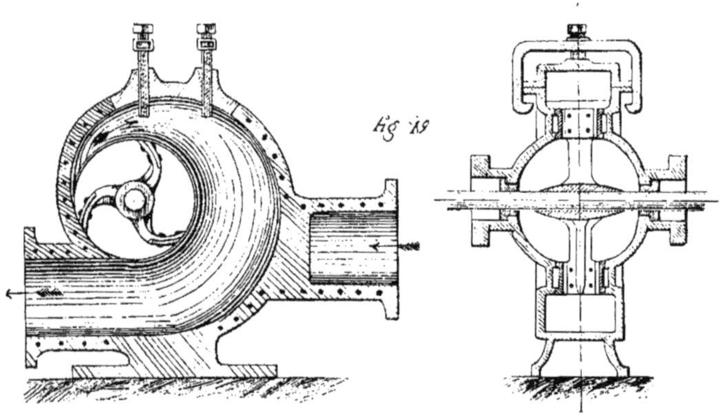

Fig. 19. Pompe-dragueuse *(élévation ; vue latérale ; coupes longitudinale et transversale).*

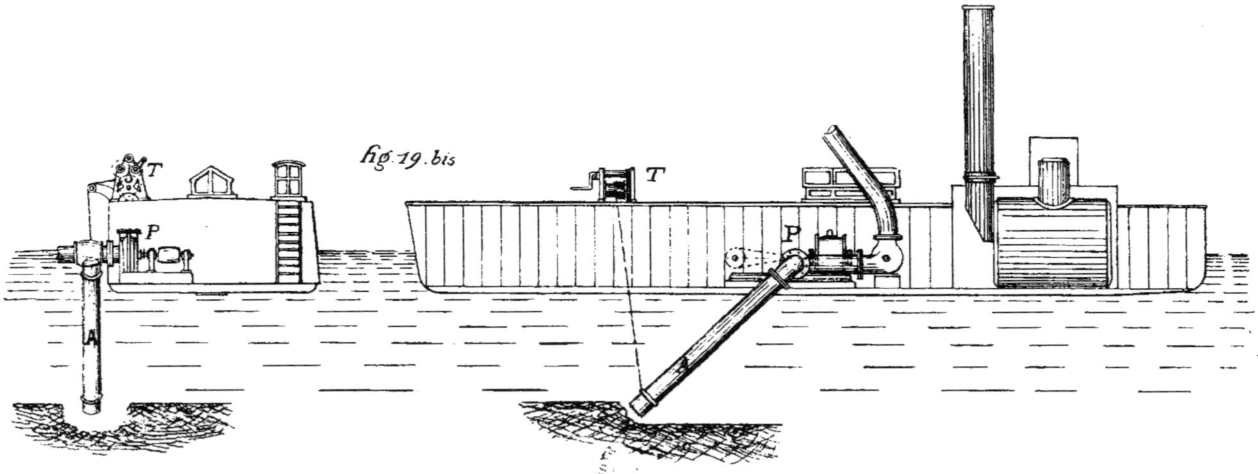

Fig. 19 *bis*, Pompe-dragueuse placée sur bateau (*coupes longitudinale et transversale*).

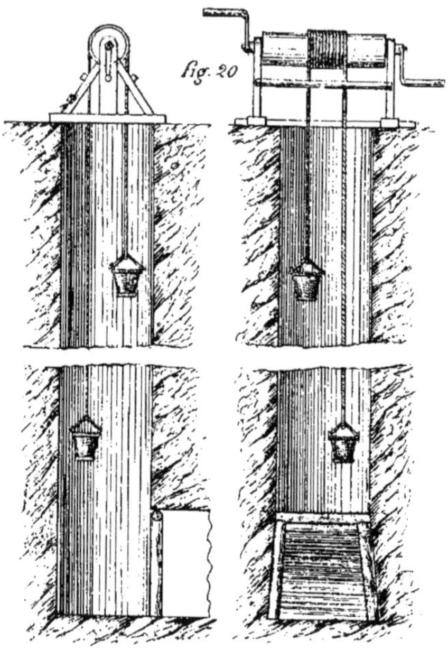

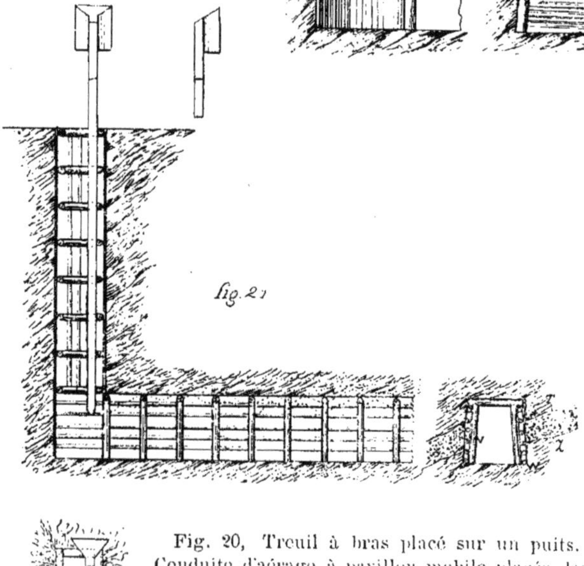

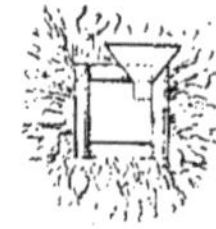

Fig. 20, Treuil à bras placé sur un puits. — Fig. 21, Conduite d'aérage à pavillon mobile placée dans un puits (*coupe verticale du puits et plan ; coupes longitudinale et transversale de la galerie*).

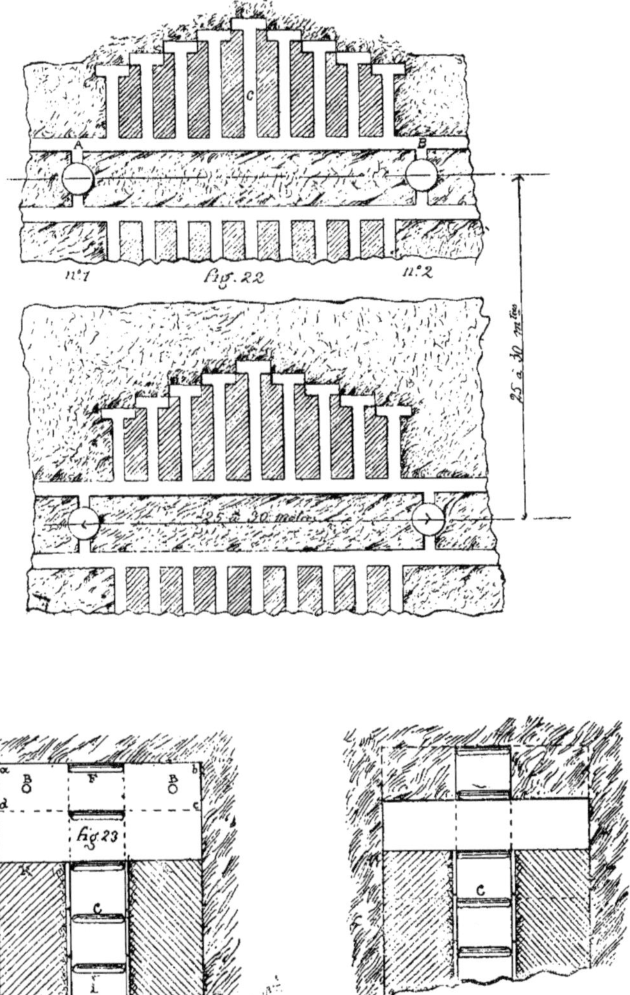

Fig. 22. Exploitation souterraine se faisant exclusivement à bras d'homme.
Fig. 23, Taille avant remblayage; Taille après remblayage.

fig. 24

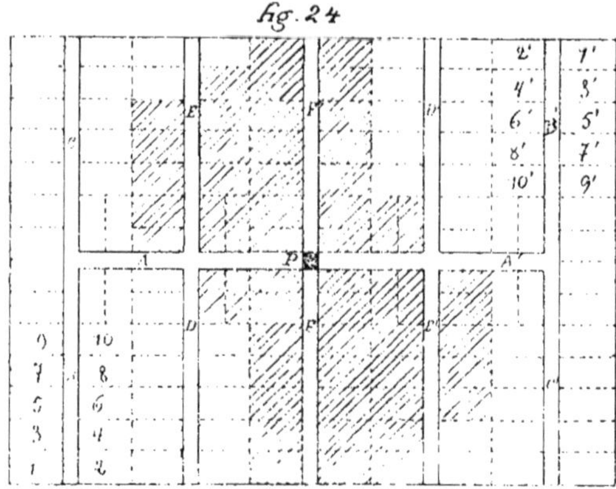

fig. 25

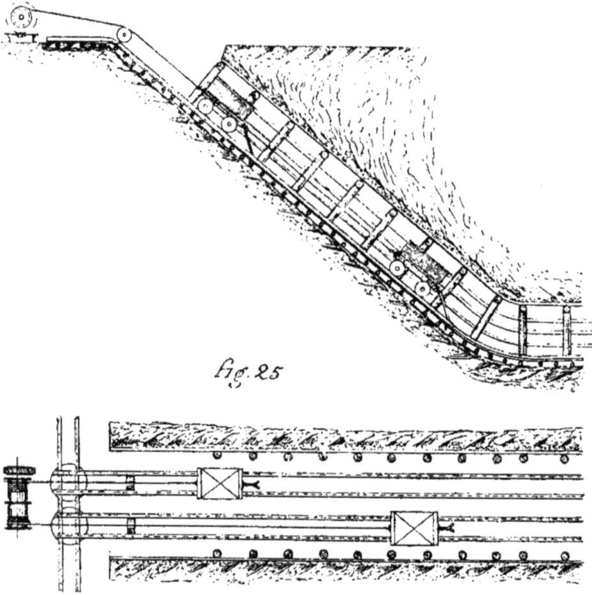

Fig. 24, Exploitation du Boulonnais. — Fig. 25, Plan incliné servant à l'extraction.

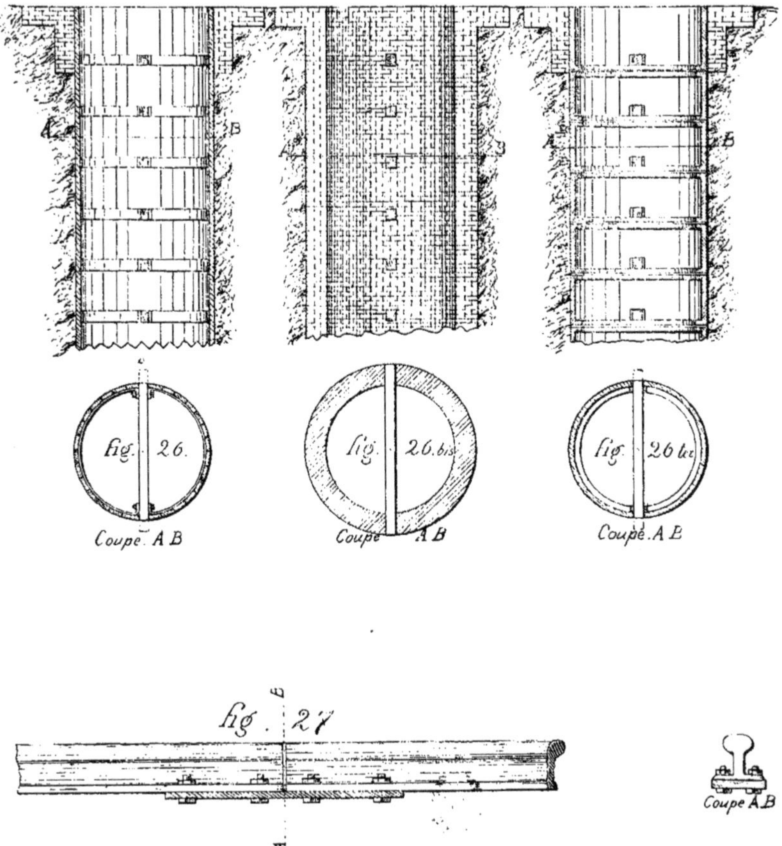

Fig 26, Revêtement en bois de puits d'extraction mécanique. — Fig. 26 *bis*, Revêtement en maçonnerie id. — Fig. 26 *ter*, Revêtement métallique id. — Fig. 27, Guidonnage formé de rails Vignolle.

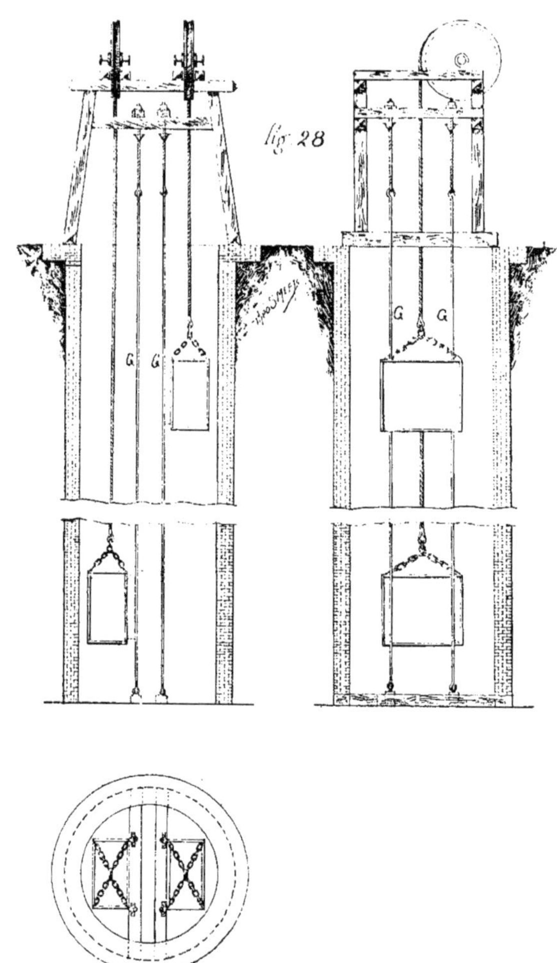

Fig. 28. Guidonnage formé par des câbles-guides

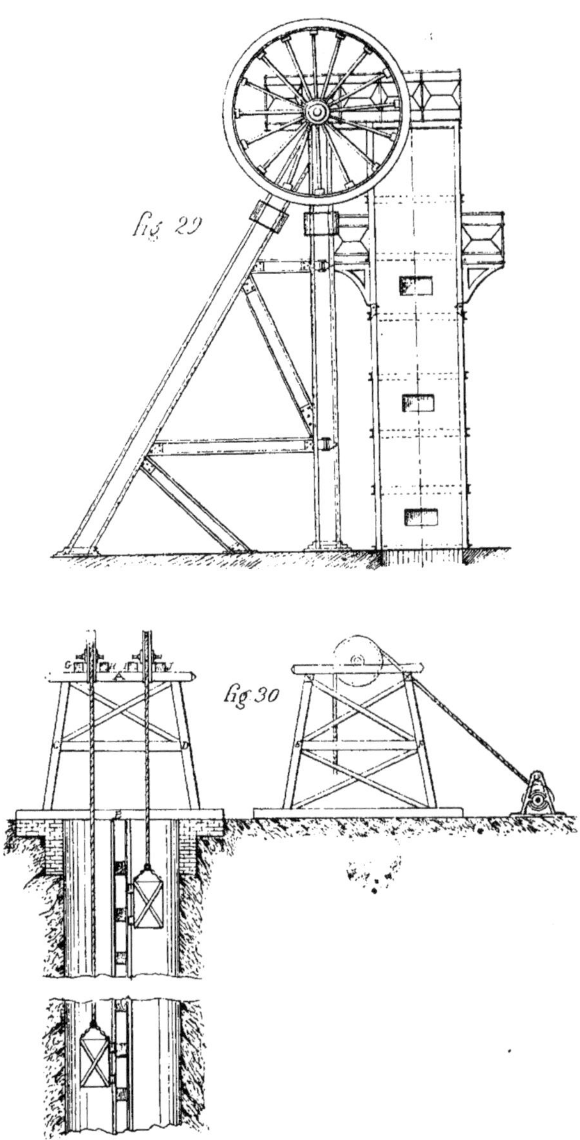

Fig. 29, Châssis à molettes en fer. — Fig. 30, Châssis à molettes en bois.

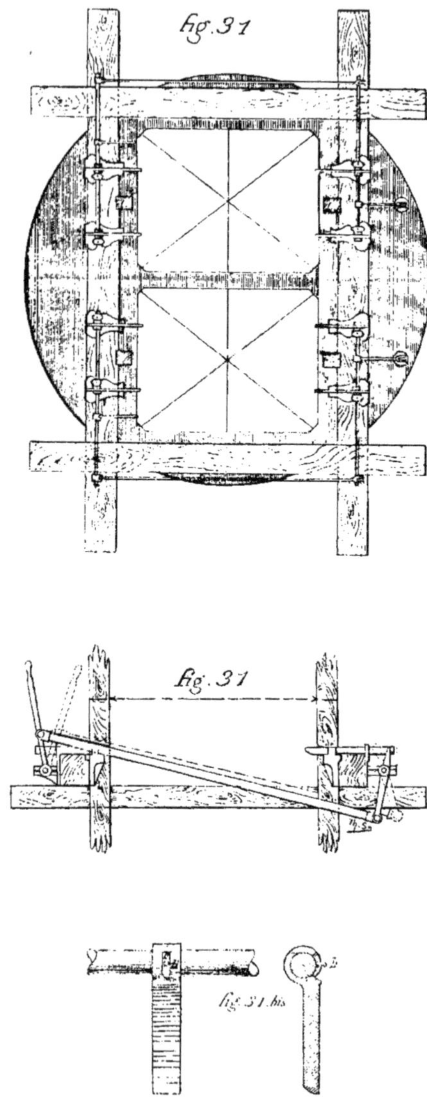

Fig. 31, Jeu de taquets. — Fig. 31 *bis*, Taquet.

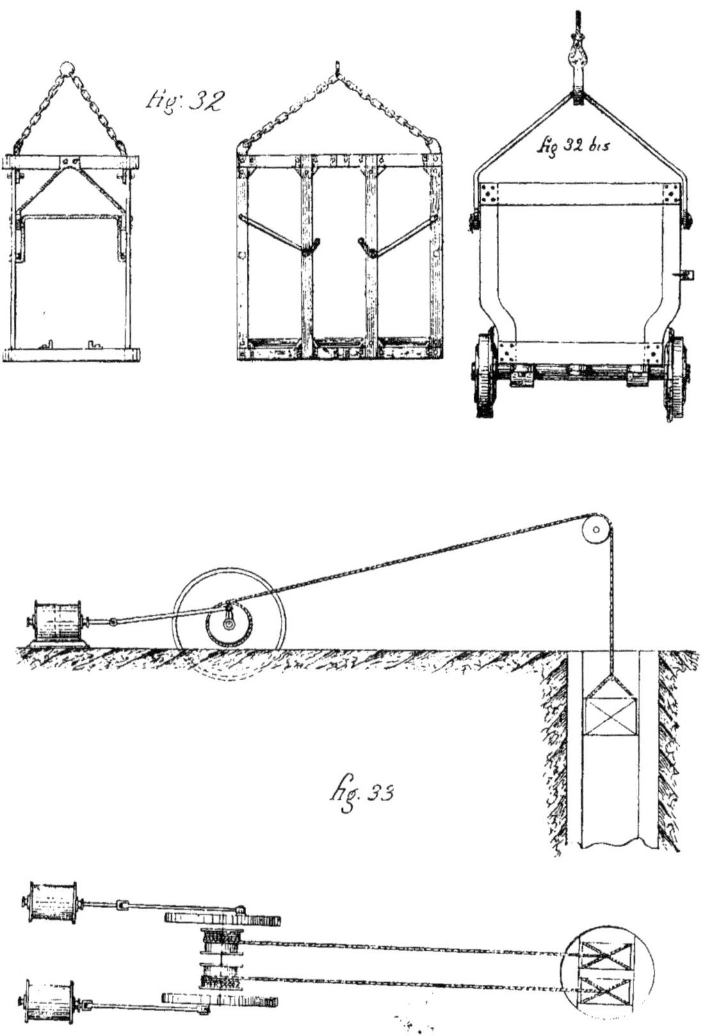

Fig. 32, Cage d'extraction — Fig. 32 *bis*, Étriers remplaçant la cage d'extraction. — Fig. 33, Bobines d'extraction.

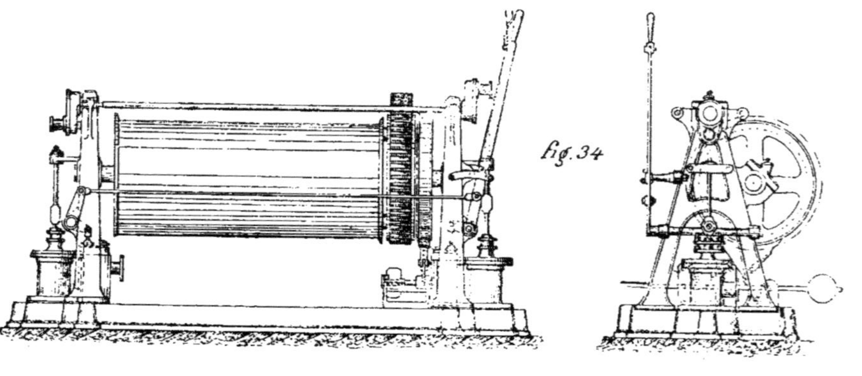

Fig. 34, Tambour d'extraction à câble unique.

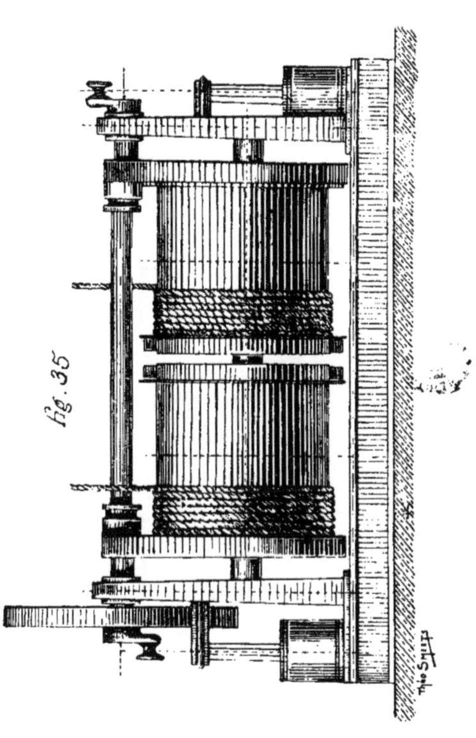

Fig. 35, Tambour d'extraction à câble double.

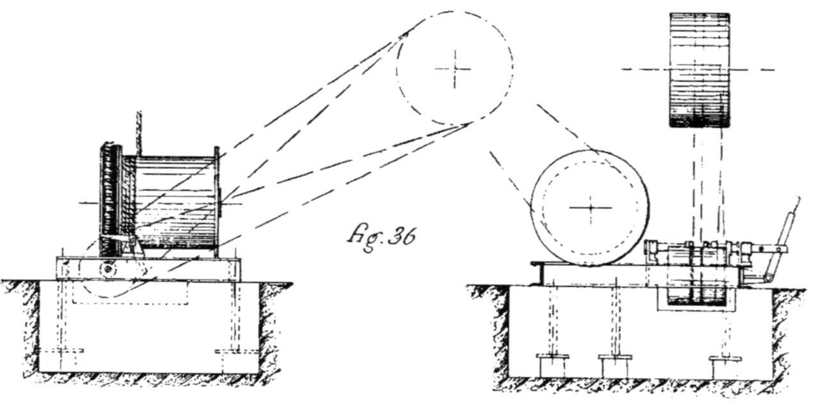

Fig. 36. Treuil d'extraction mû par courroie.

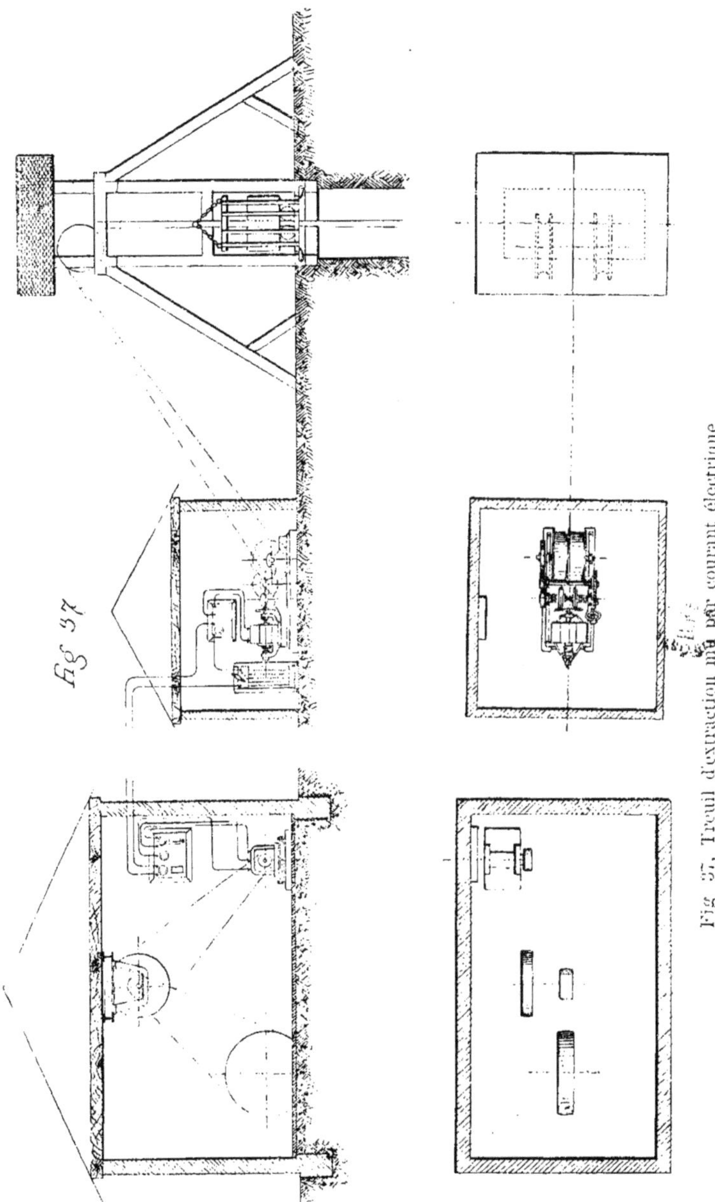
Fig 37
Fig 37, Treuil d'extraction mû par courant électrique.

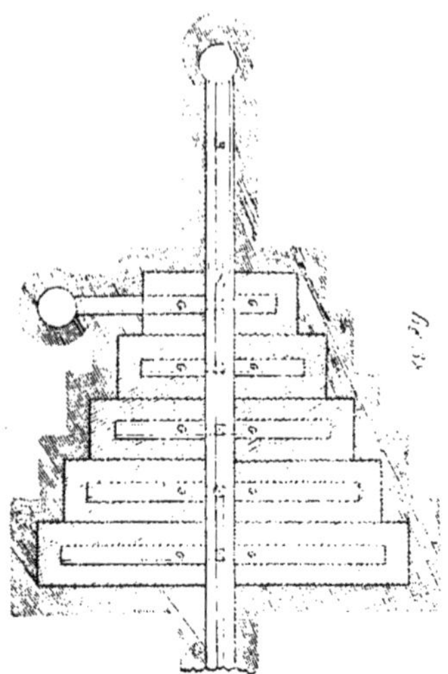

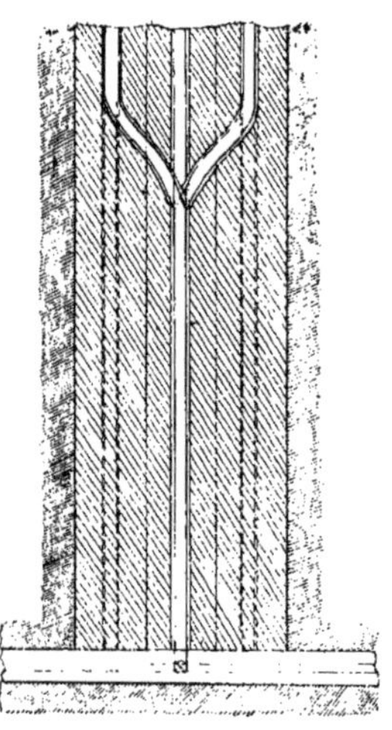

Fig 38, Exploitation par remblais par double équipe.

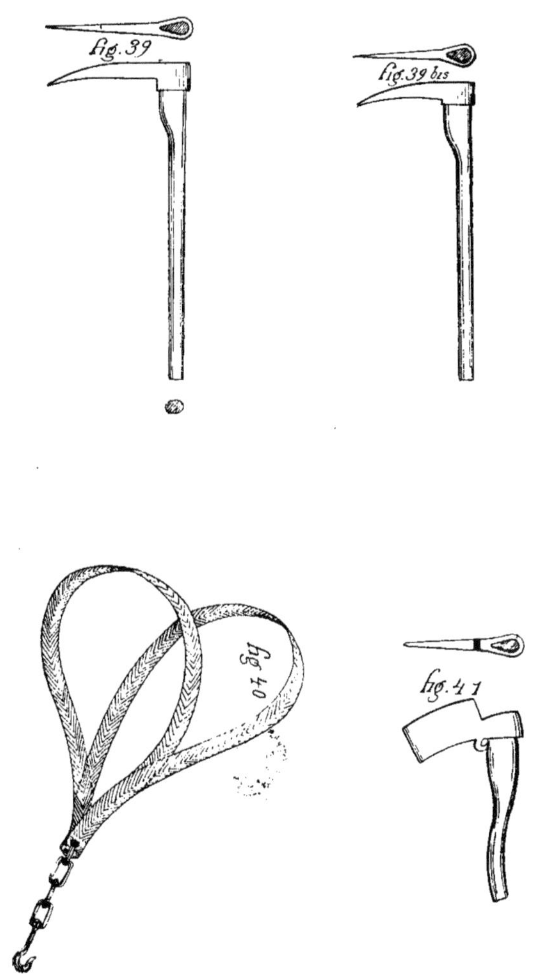

Fig. 39, Rivelaine. — Fig 39 *bis*, Pic — Fig 40, Bretelle de hiercheur. — Fig 41, Hache de mineur.

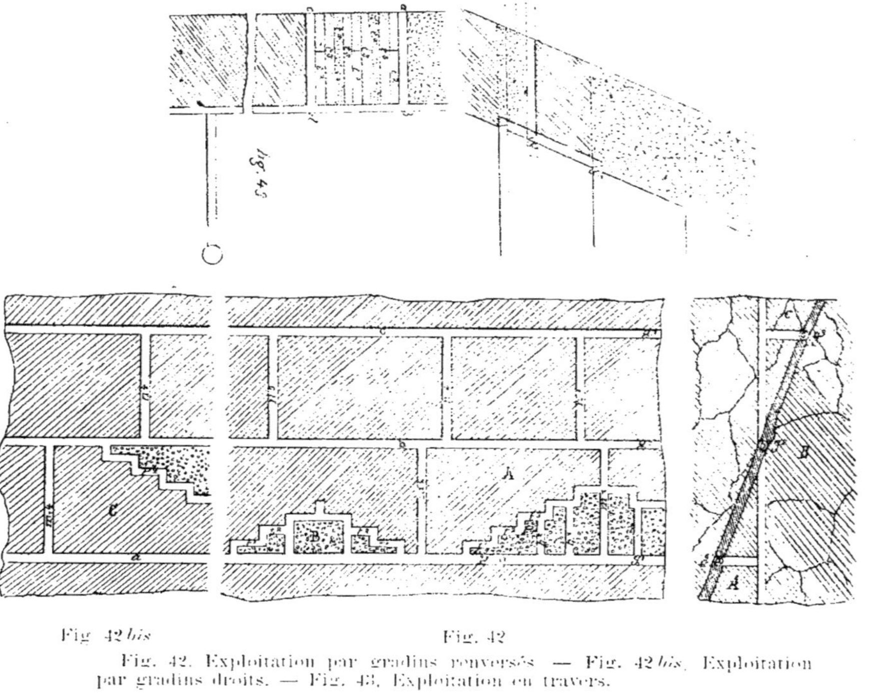

Fig. 42. Exploitation par gradins renversés — Fig. 42 *bis*. Exploitation
par gradins droits. — Fig. 43. Exploitation en travers.

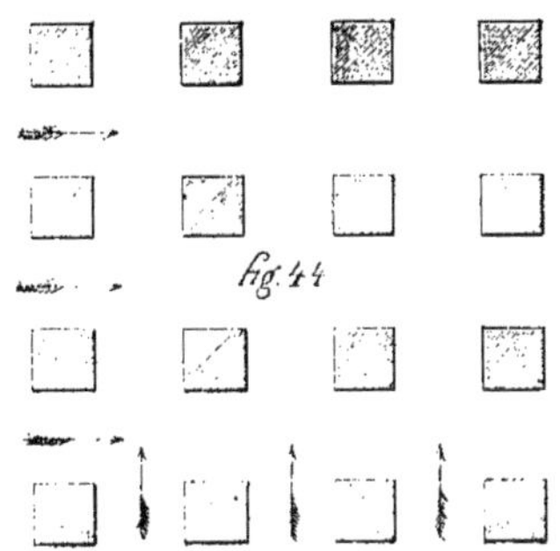

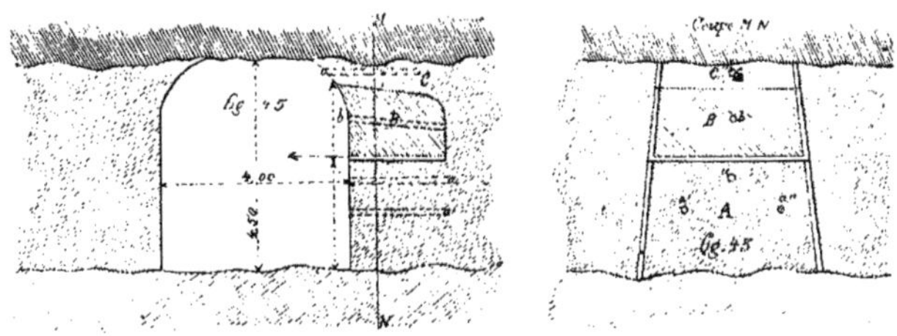

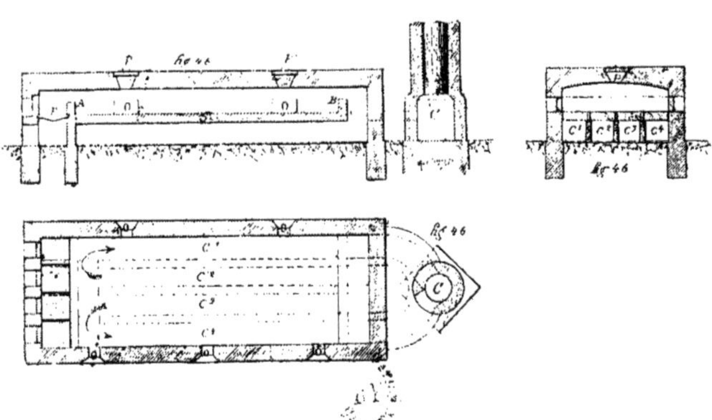

Fig. 44, Exploitation par piliers abandonnés. — Fig. 45, Id., coupes verticales. — Fig. 46, Séchoir à phosphate, four à réverbère.

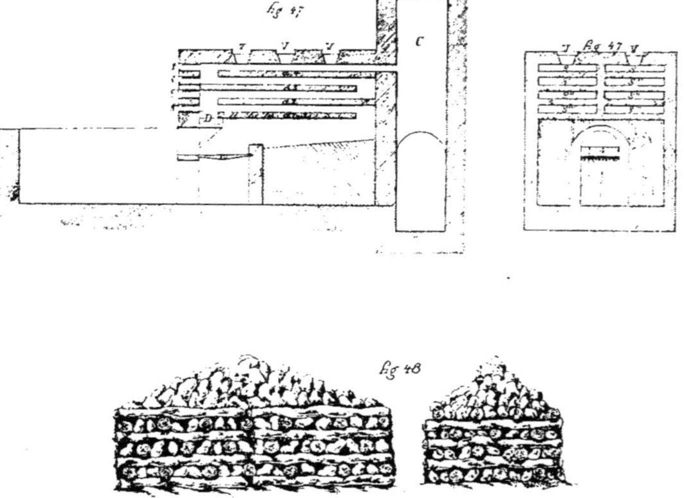

Fig. 47, Séchoir à phosphate, four à étages. — Fig. 48, Séchage au bois.

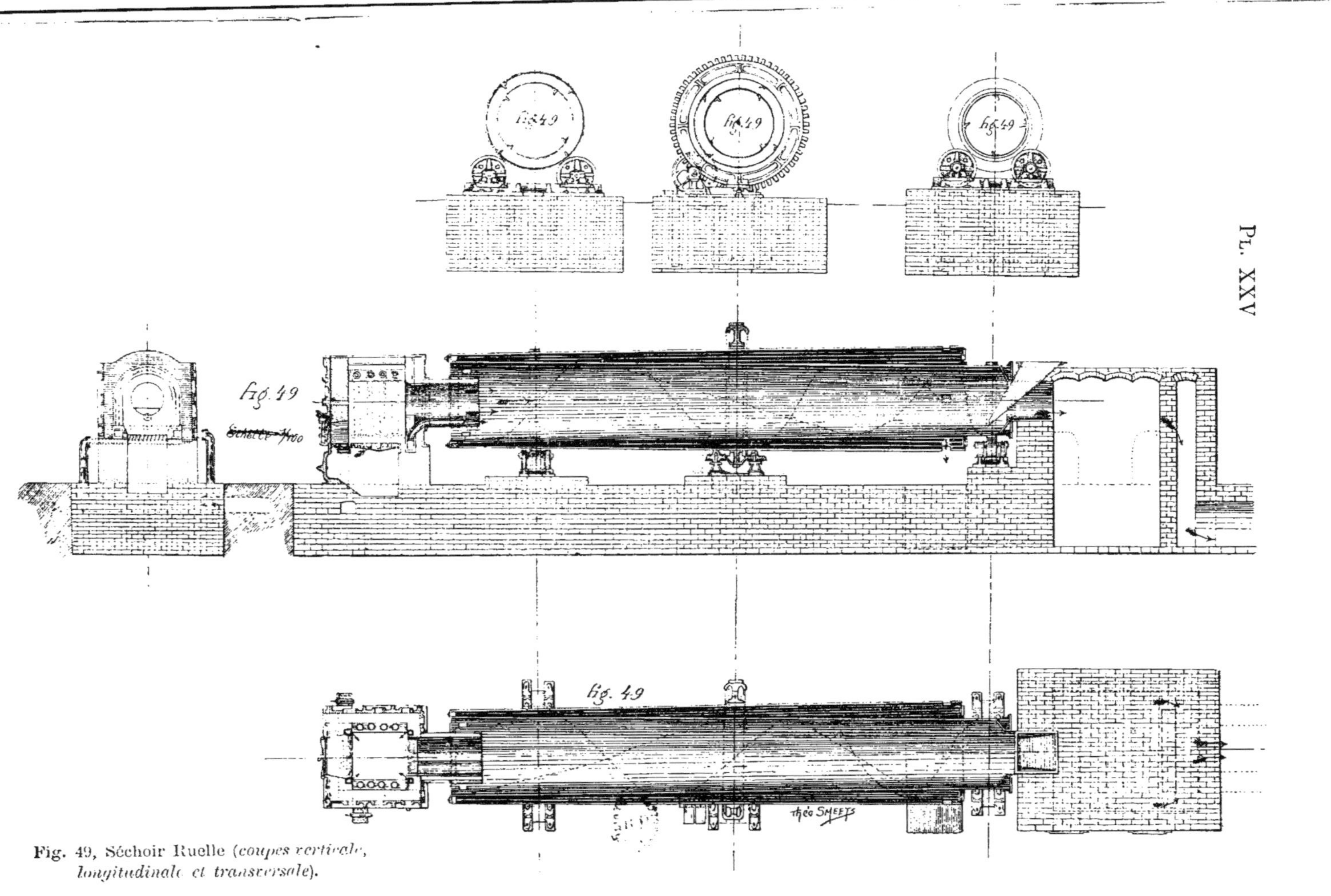

Fig. 49, Séchoir Ruelle (coupes verticale, longitudinale et transversale).

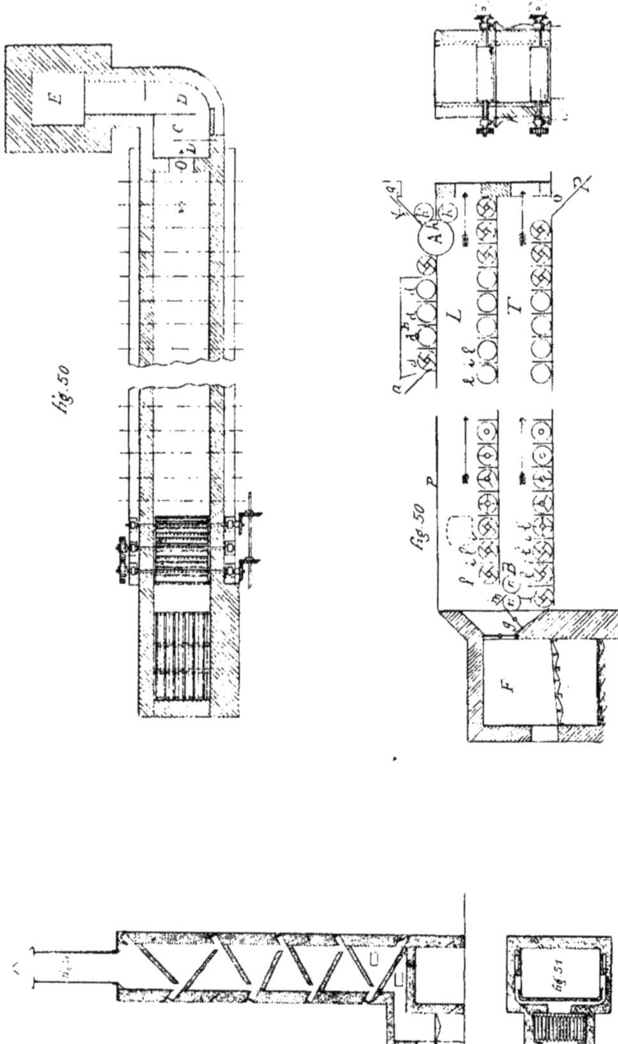

Fig. 50, Séchoir Thonnar et Tixhon. — Fig. 51, Séchoir à chicanes.

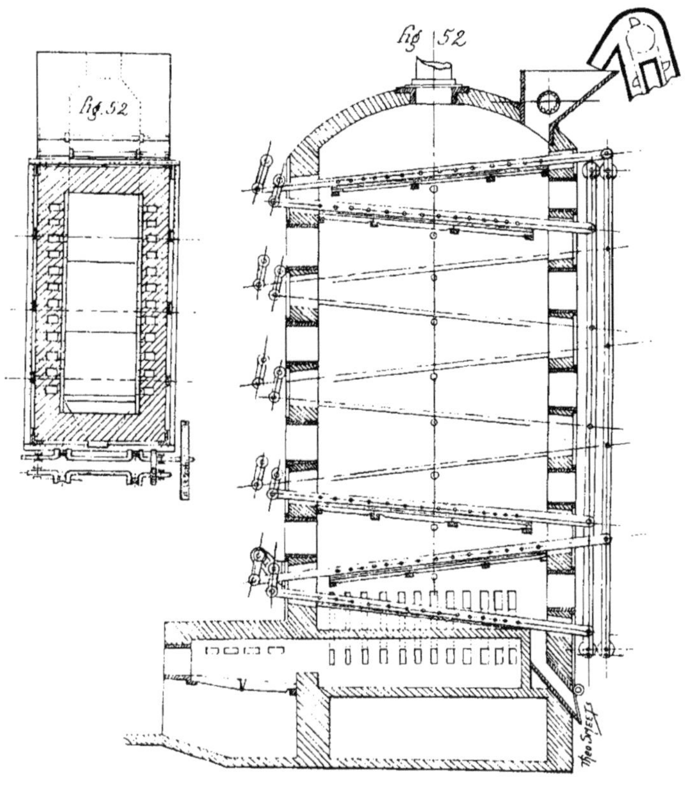

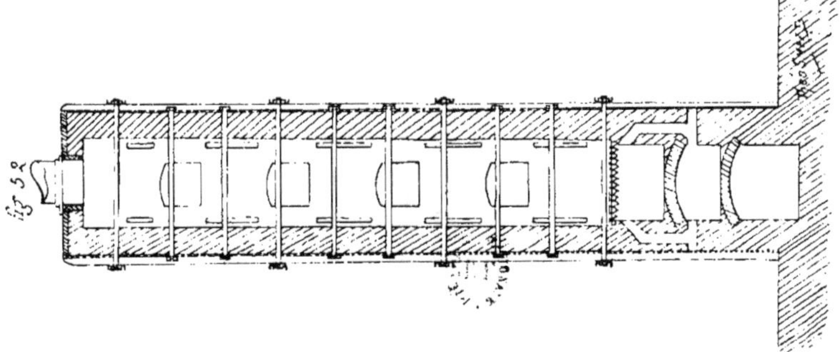

Fig. 52, Séchoir Lebrun et Fouarge.

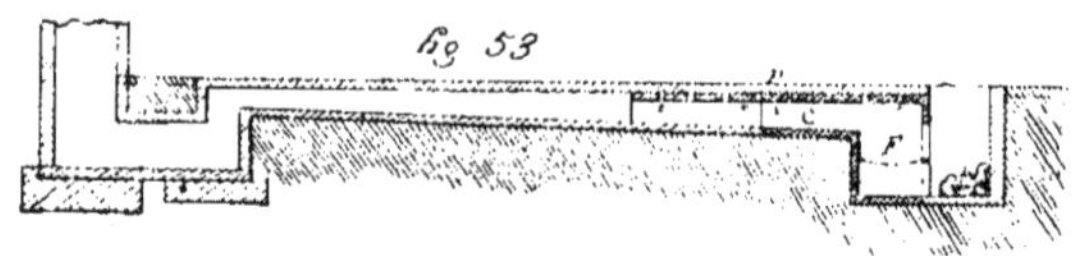

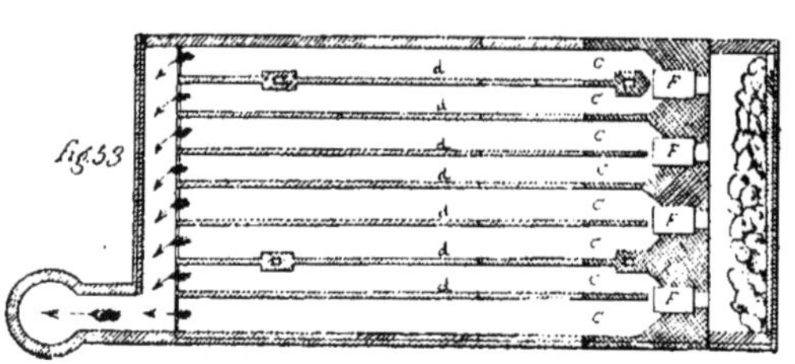

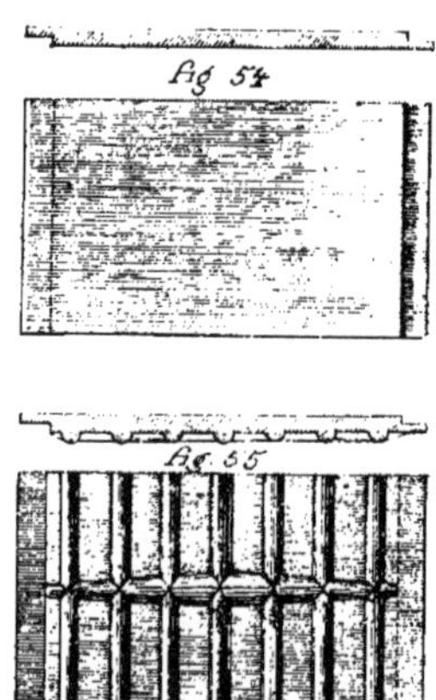

Fig. 53, Séchoir à plaques. — Fig. 54, Plaque de fonte ordinaire. —
Fig. 55, Plaque de fonte renforcée.

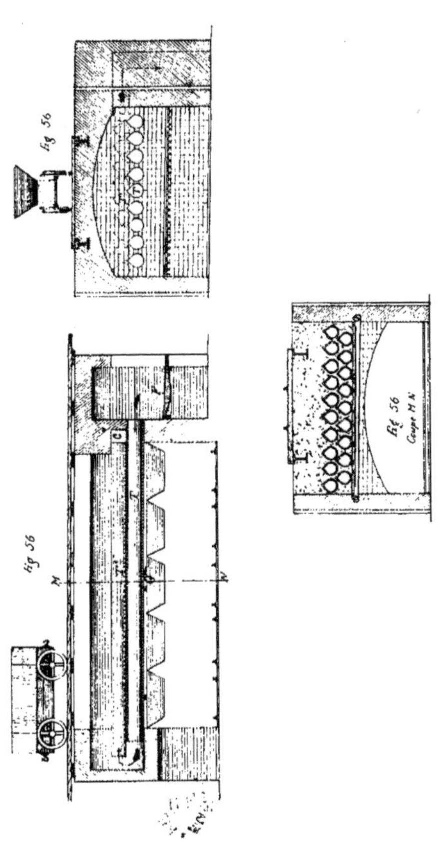

Fig. 56, Séchoir à tubes.

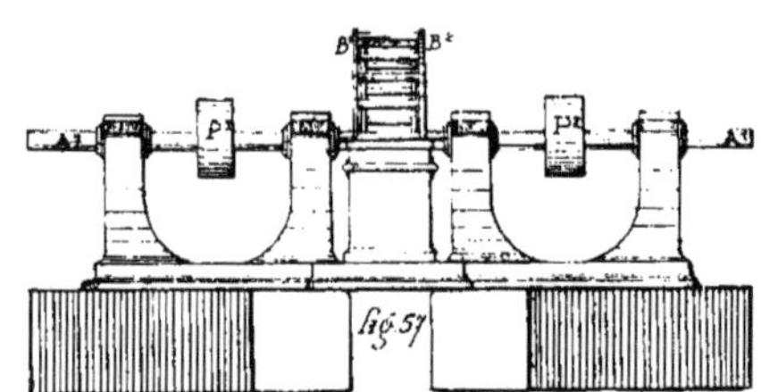

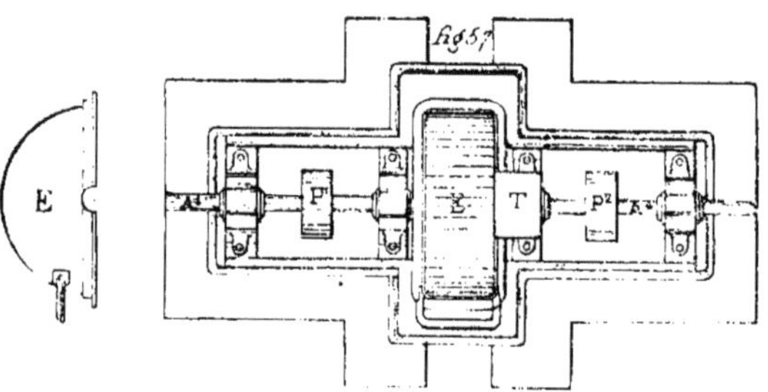

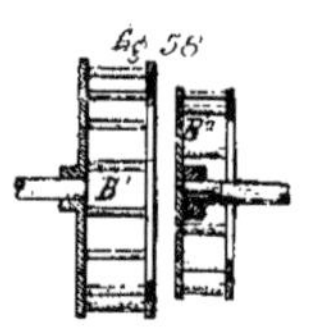

Fig. 57, Désagrégateur Karr, 1er dispositif. — Fig. 58, Cages du désagré
gateur Karr.

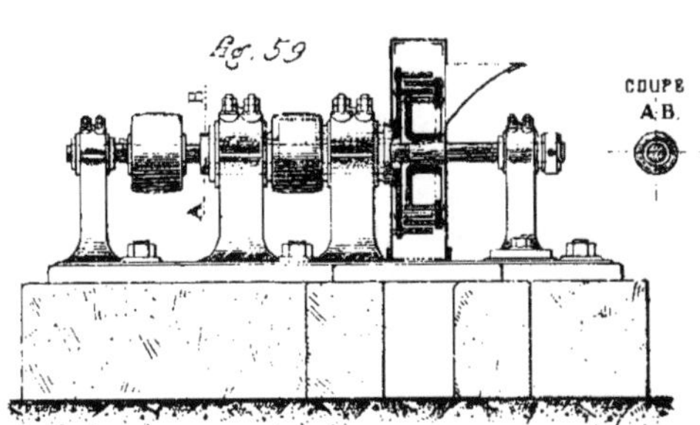

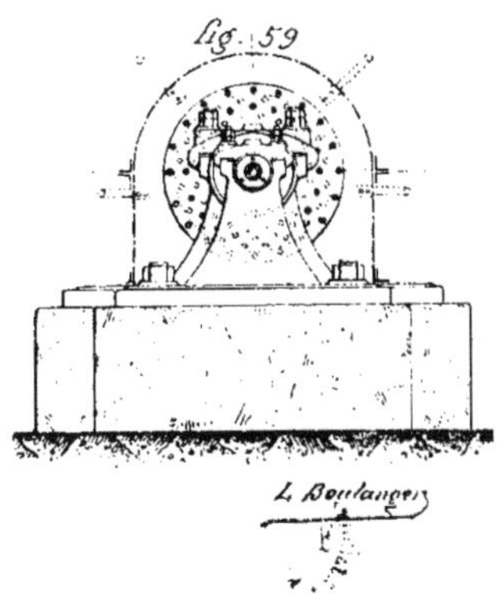

Fig. 59, Désagrégateur Karr, 2me dispositif

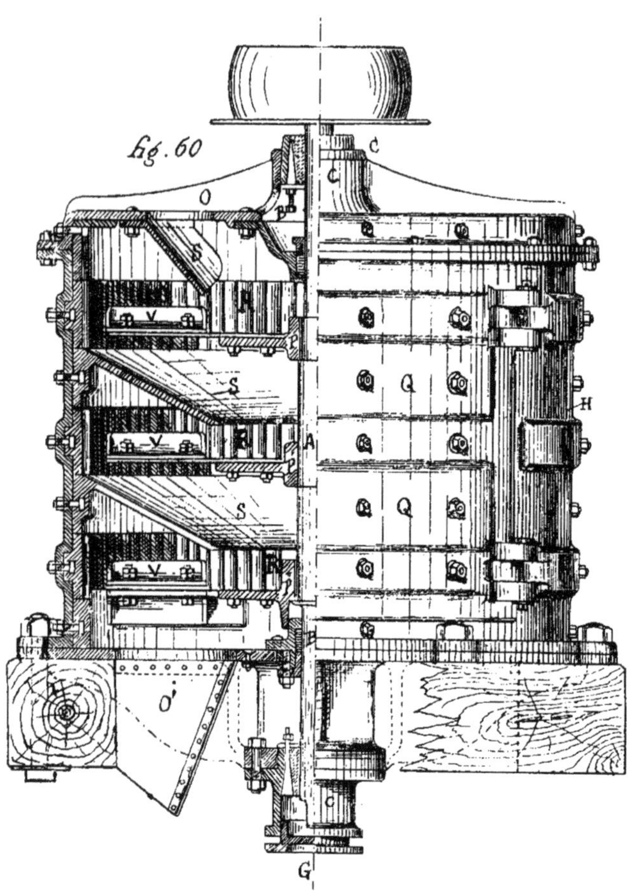

Fig. 60, Broyeur Vapart.

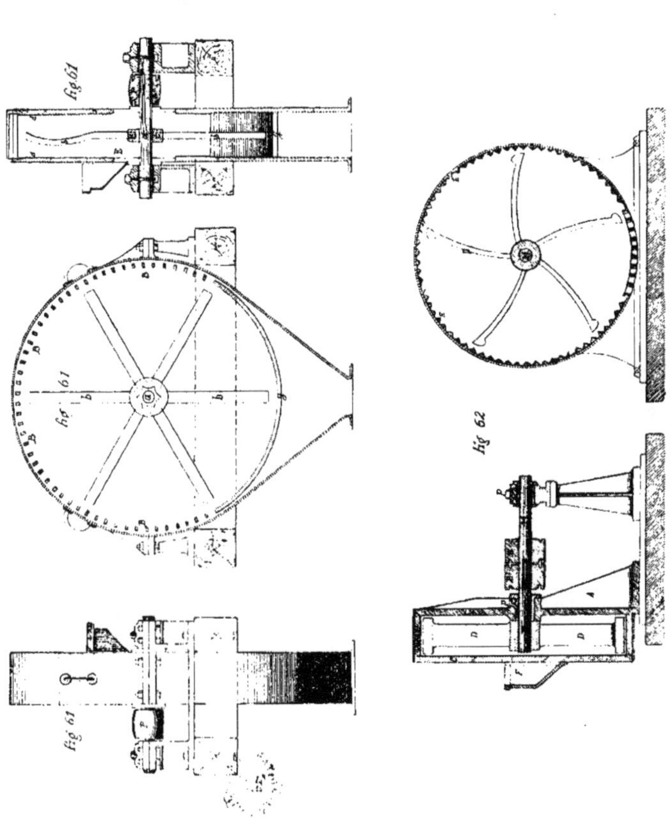

Fig. 61, Broyeur Carter. — Fig. 62, Broyeur Jamart.

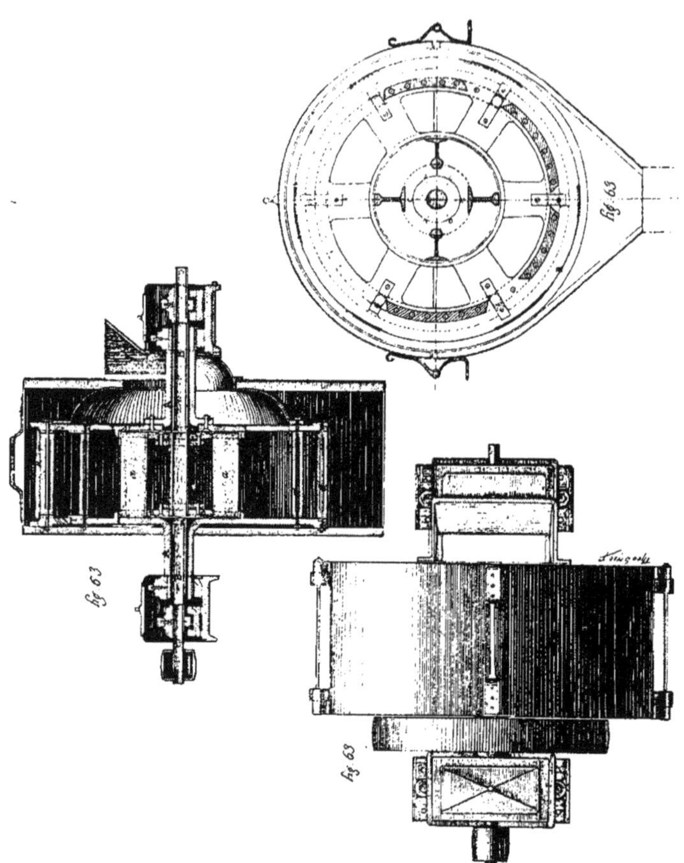

Fig. 63, Broyeur Bourdais

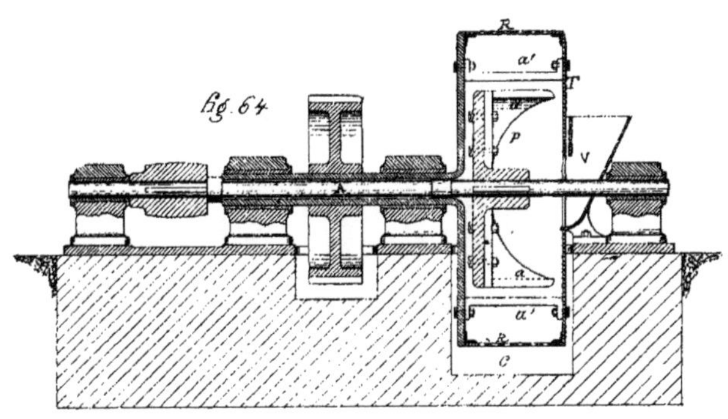

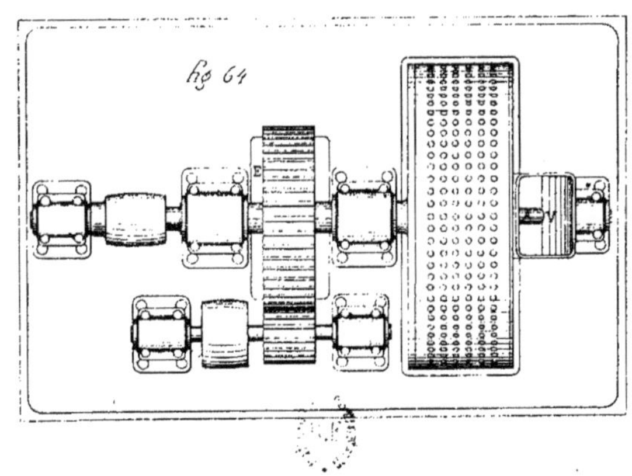

Fig. 64, Broyeur Bourdais (autre dispositif).

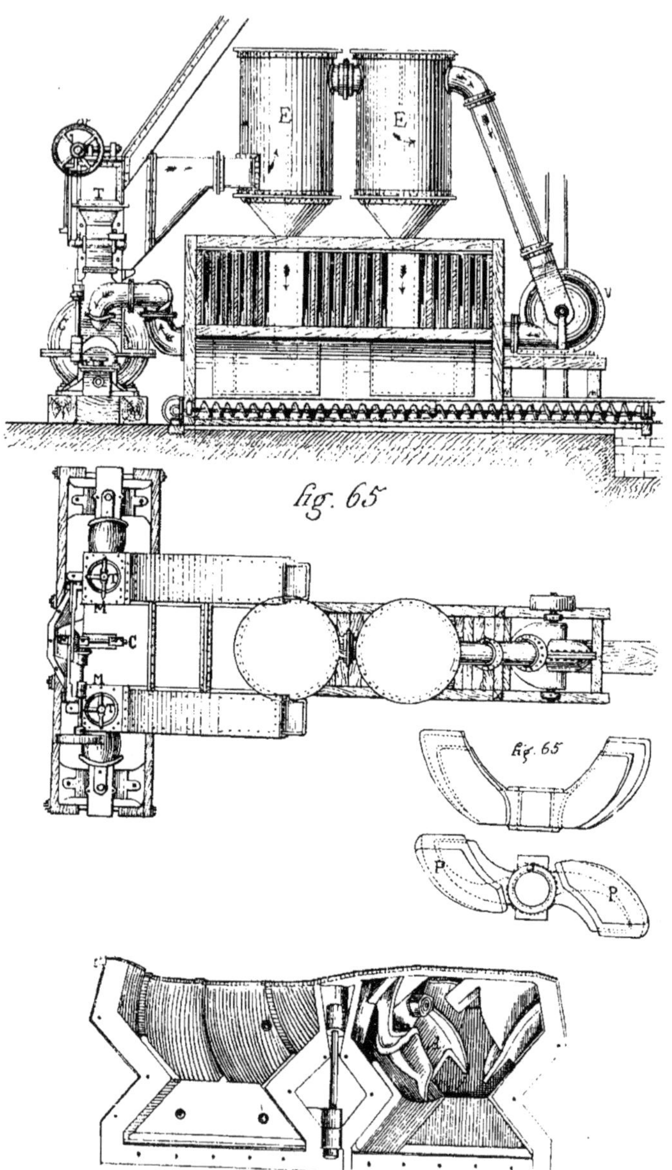

Fig. 65. Cyclone pulvérisateur.

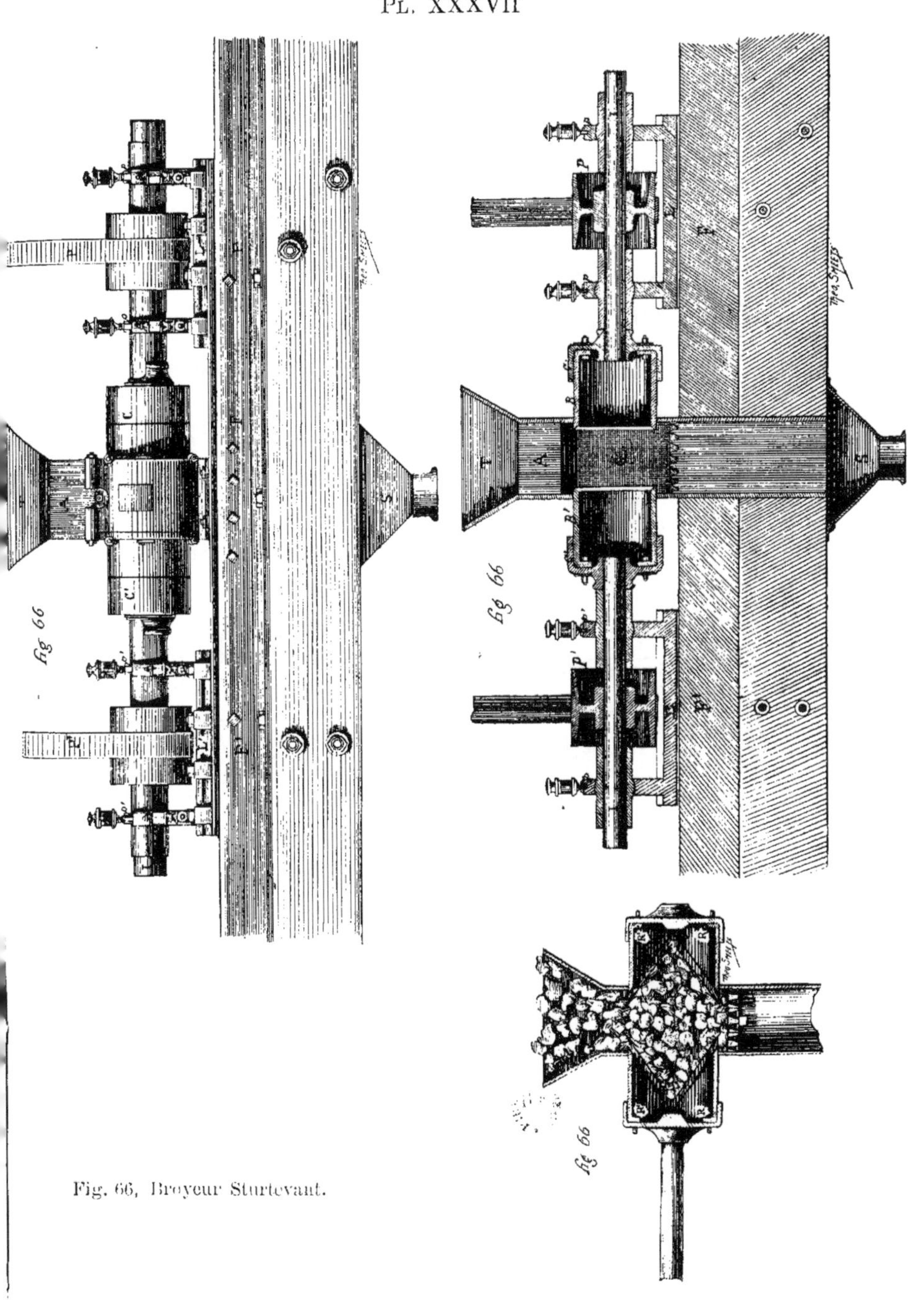

Fig. 66, Broyeur Sturtevant.

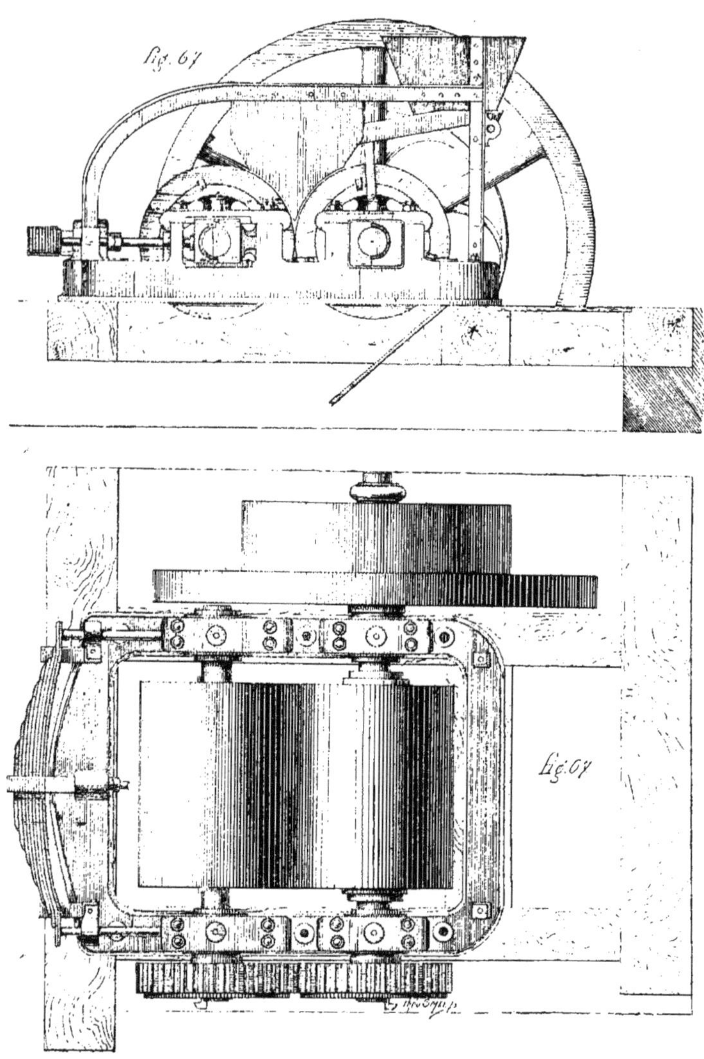

Fig. 67, Moulin à cylindres.

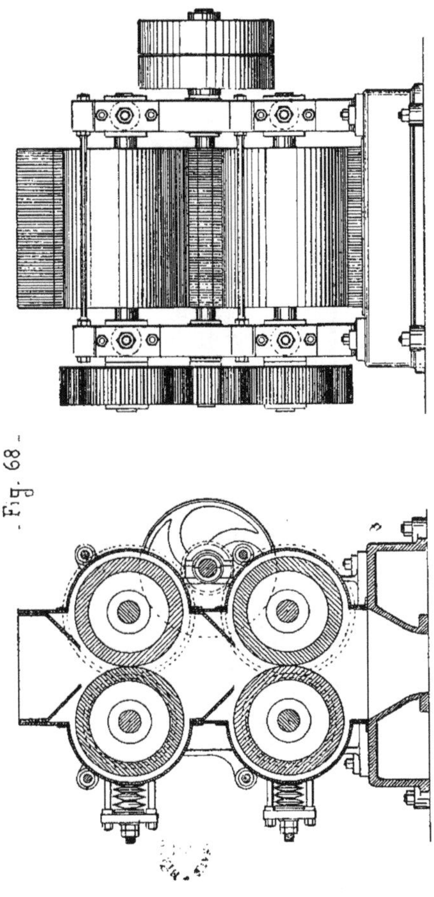

Fig. 68, Moulin à cylindres doubles.

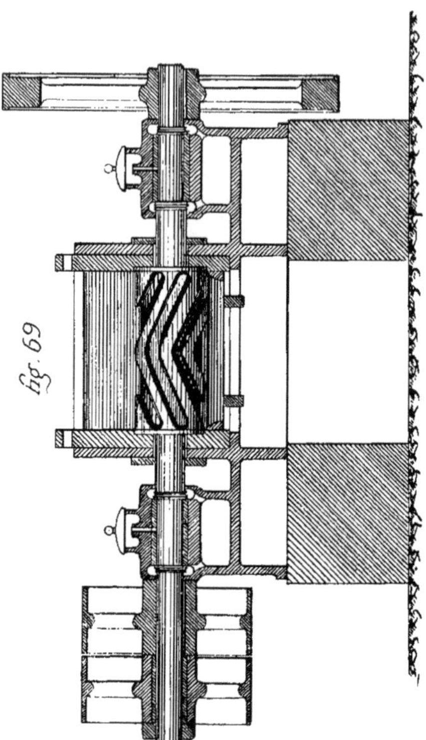

Fig. 69, Moulin à cylindres épicicloïdaux ou à vis.

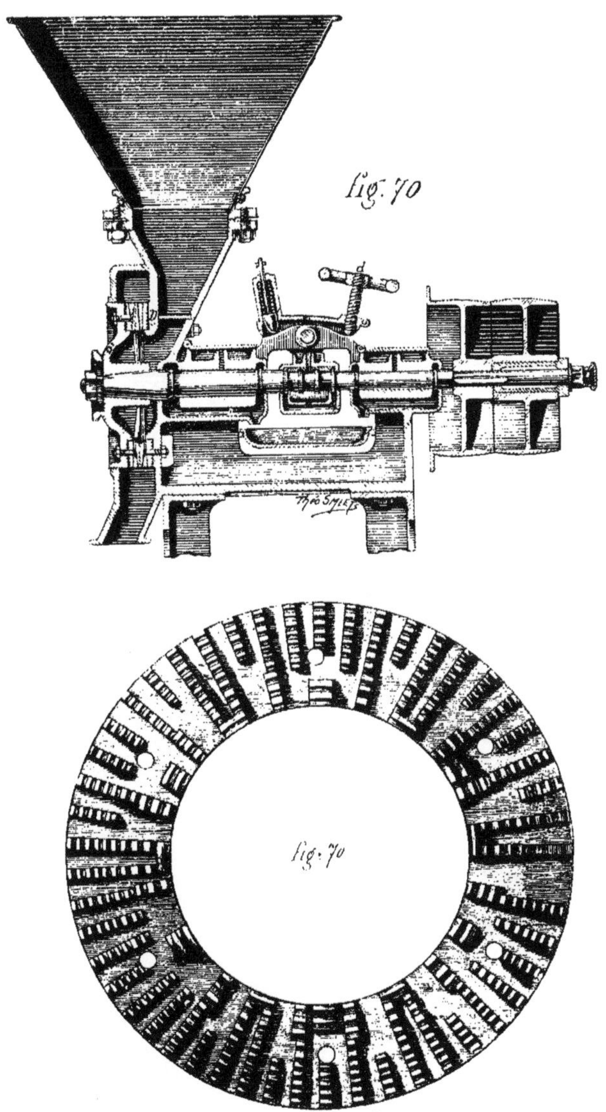

Fig. 70, Moulin Excelsior. Vue du disque.

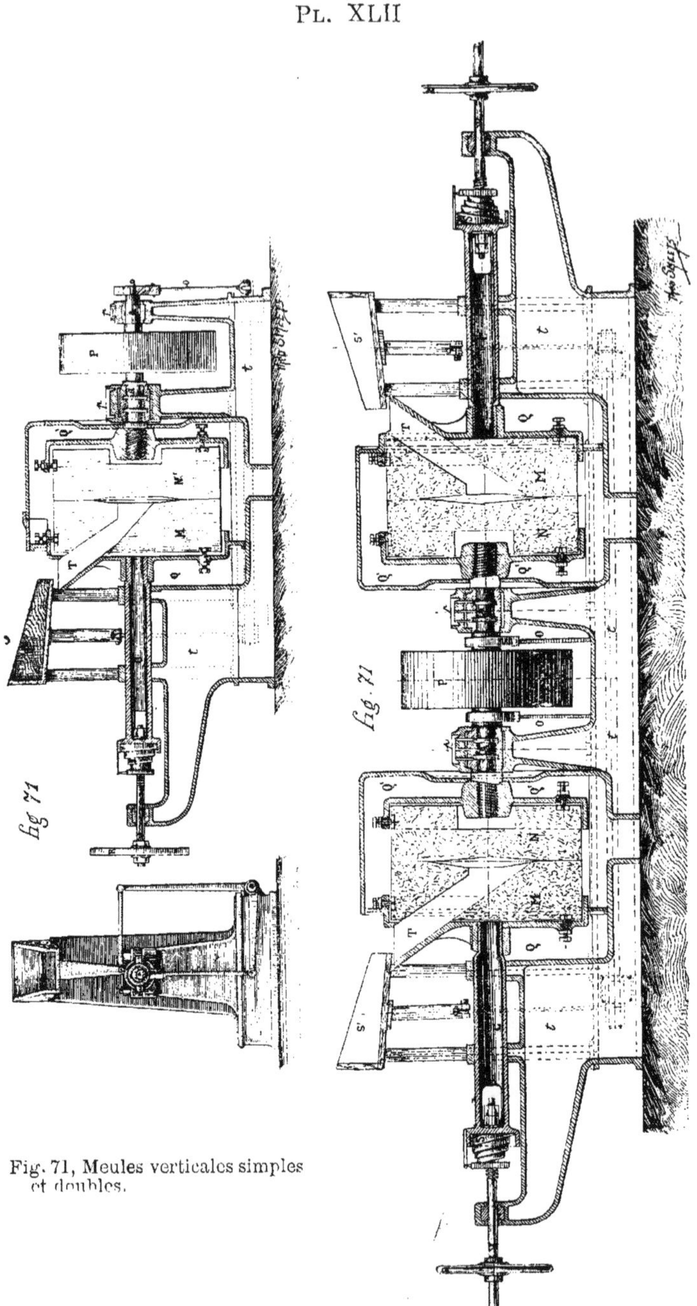

Fig. 71, Meules verticales simples
et doubles.

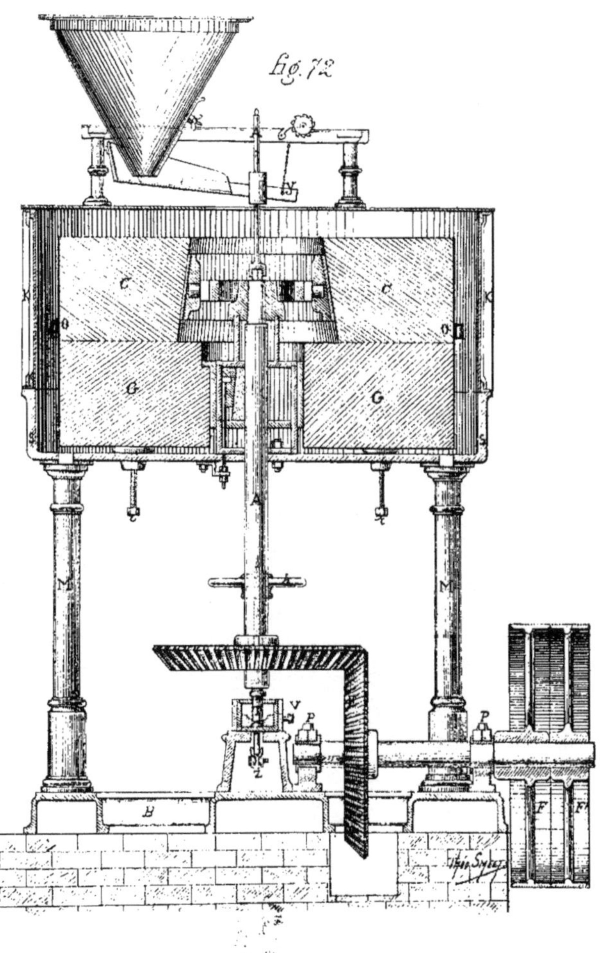

Fig. 72. Meules horizontales.

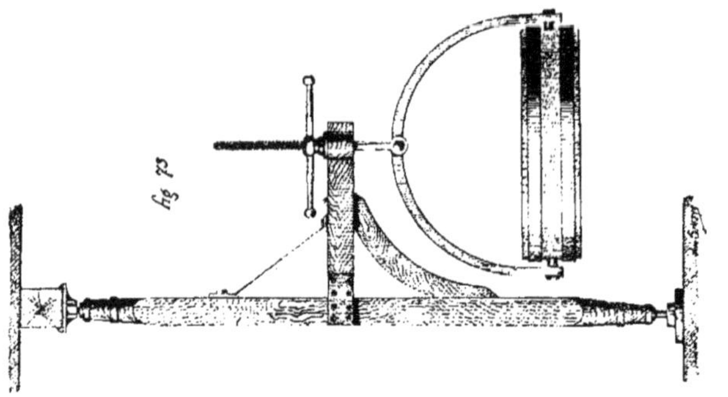

Fig. 73, Potence.

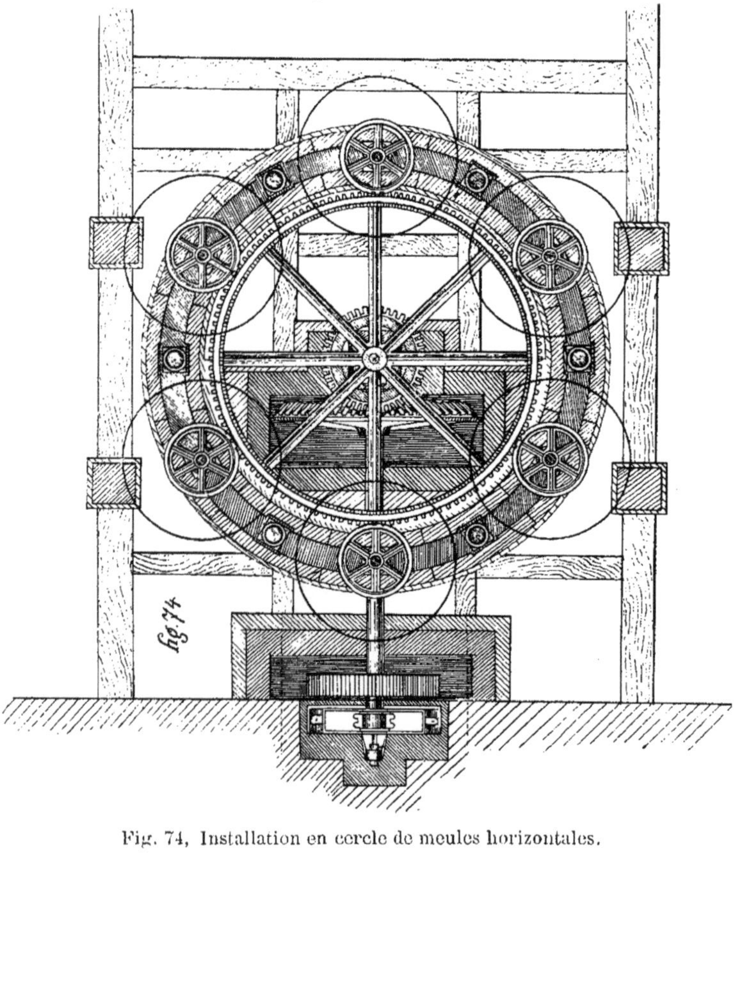

Fig. 74, Installation en cercle de meules horizontales.

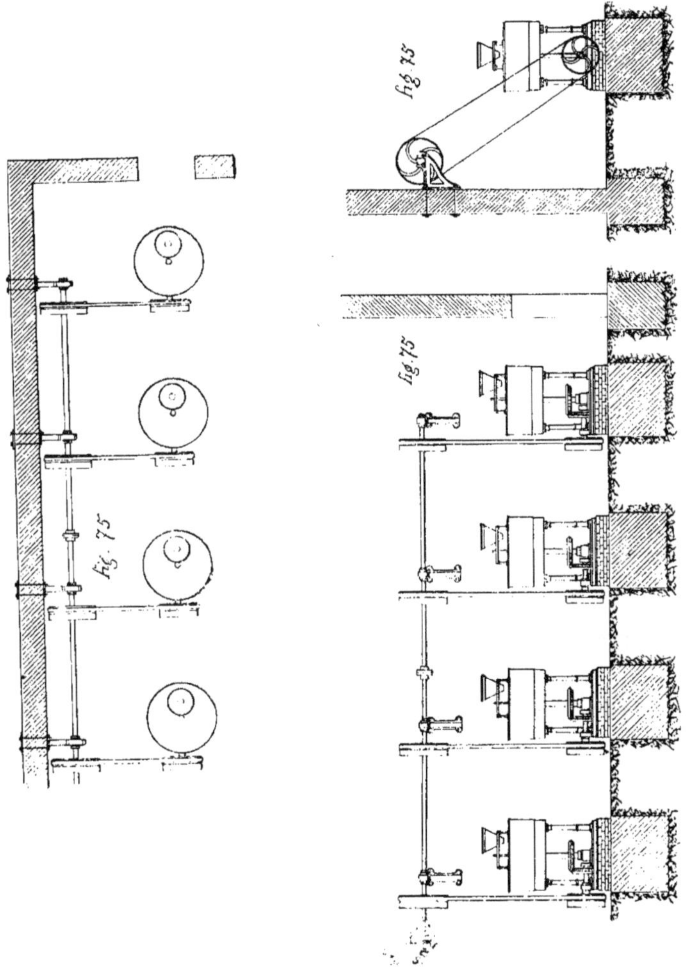

Fig. 75. Installation en ligne de meules horizontales.

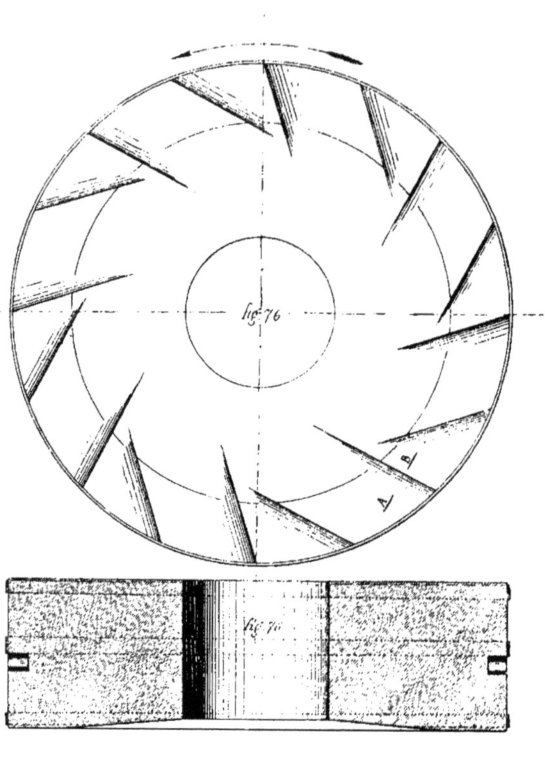

Fig. 76, Meule rhabillée

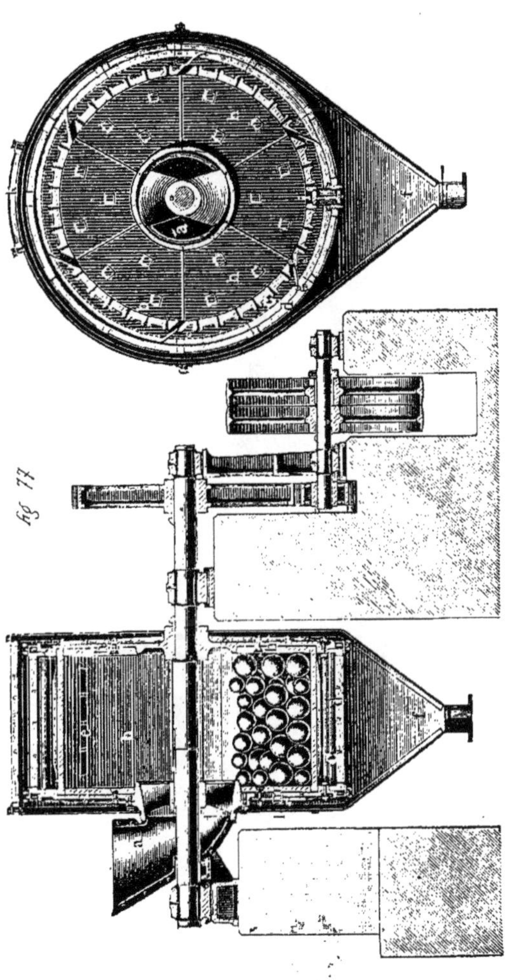

Fig. 77, Moulin à gobilles.

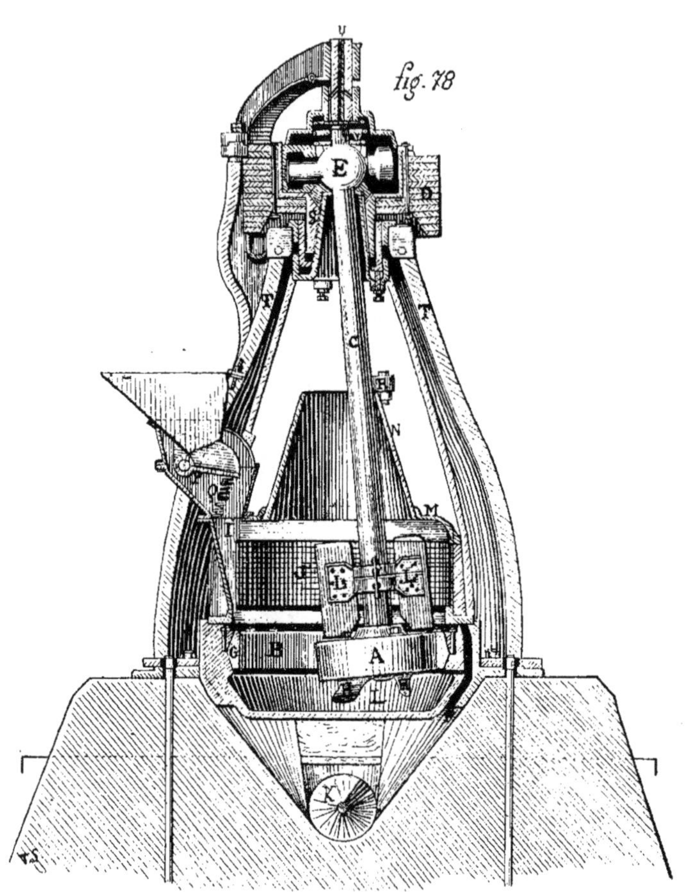

Fig. 78, Moulin Griffin.

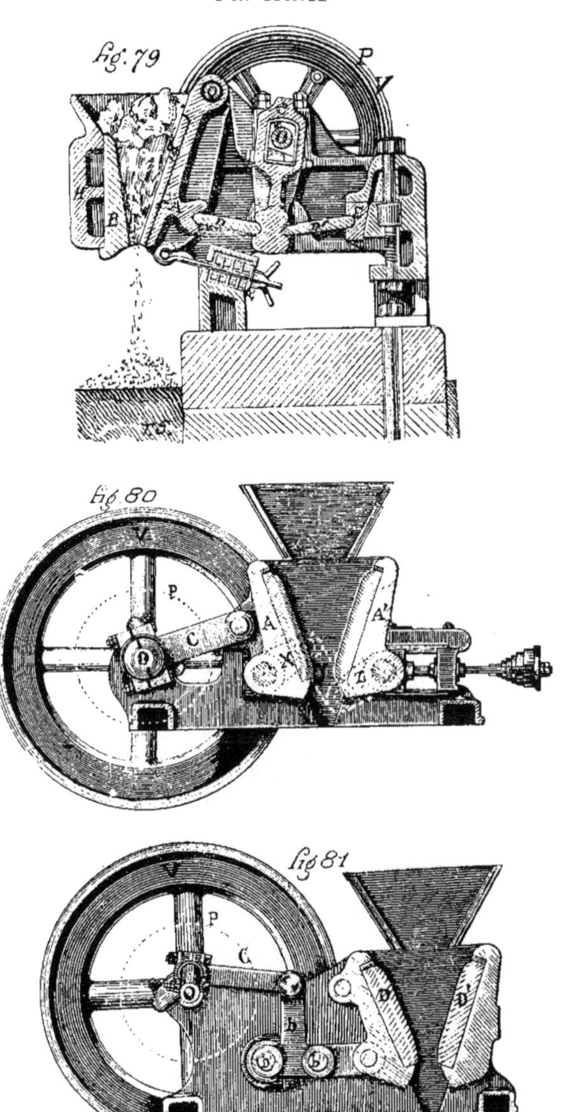

Fig. 79, Concasseur à simple effet à simple mâchoire mobile. — Fig. 80, Concasseur à simple effet à double mâchoire mobile. — Fig. 81, Concasseur à double effet à simple mâchoire mobile.

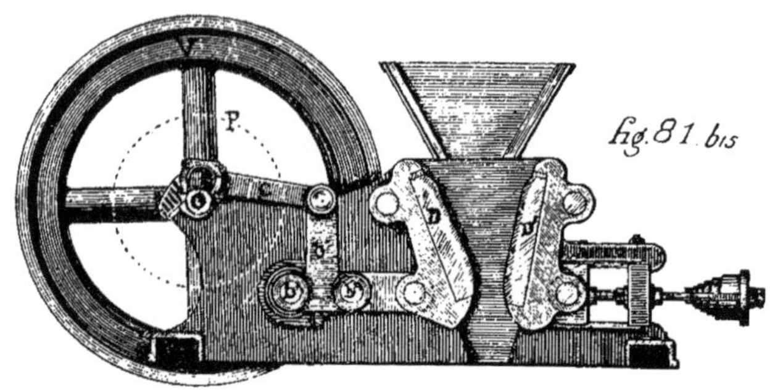

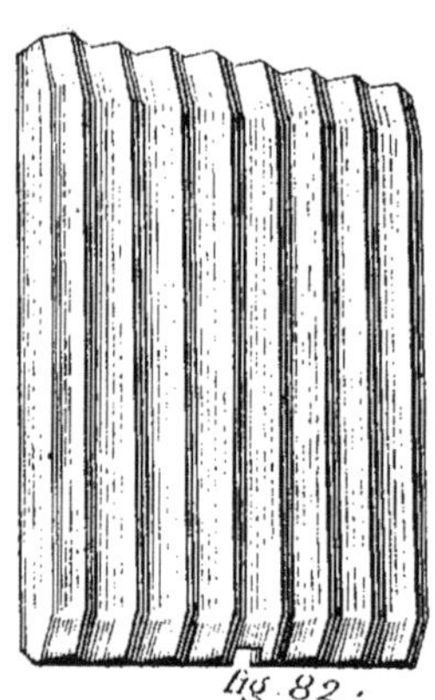

Fig. 81 *bis*, Concasseur à simple effet à double mâchoire mobile. — Fig. 82, Mâchoire cannelée.

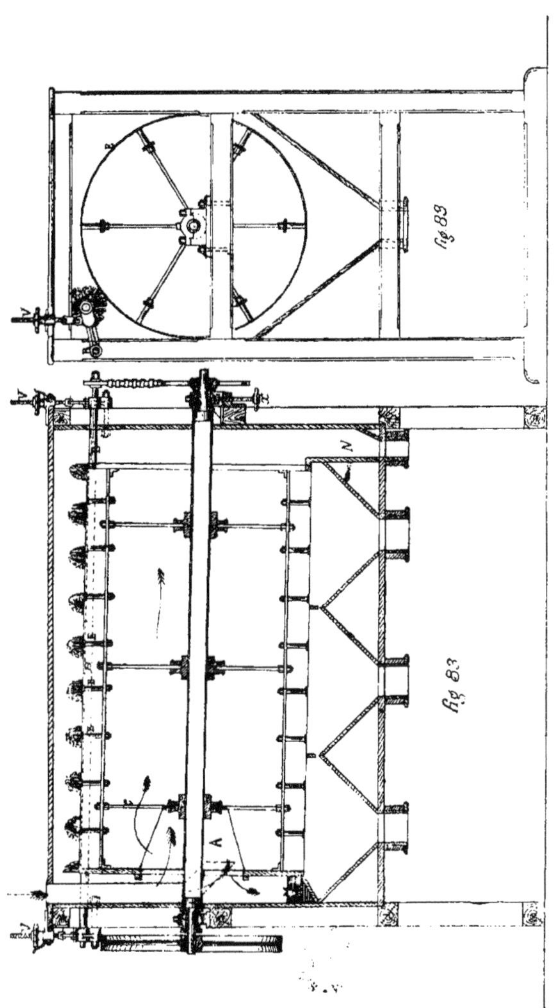

Fig. 83, Blutoir cylindrique.

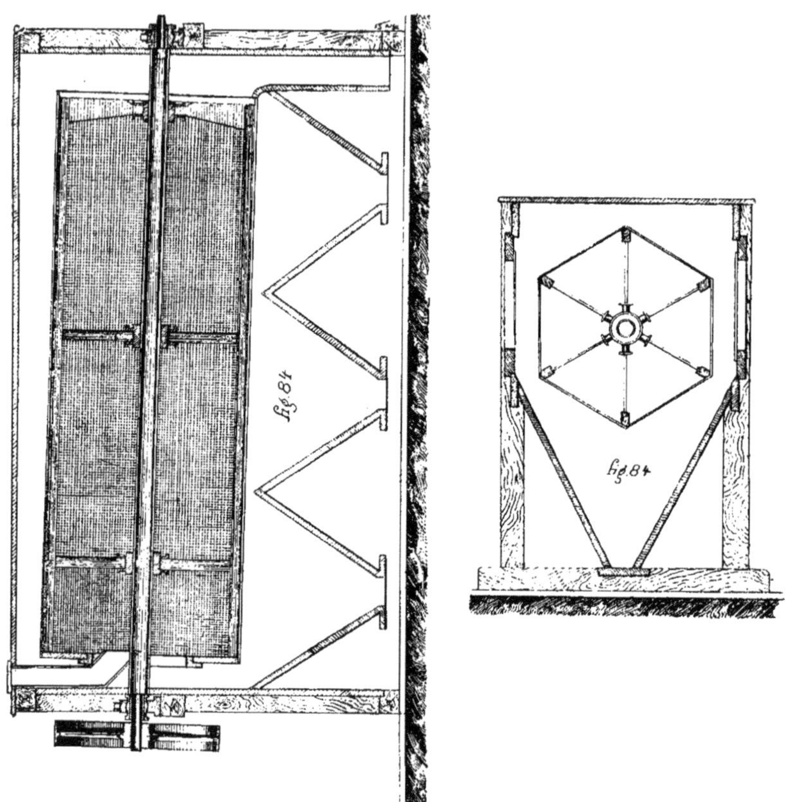

Fig. 84, Blutoir hexagonal.

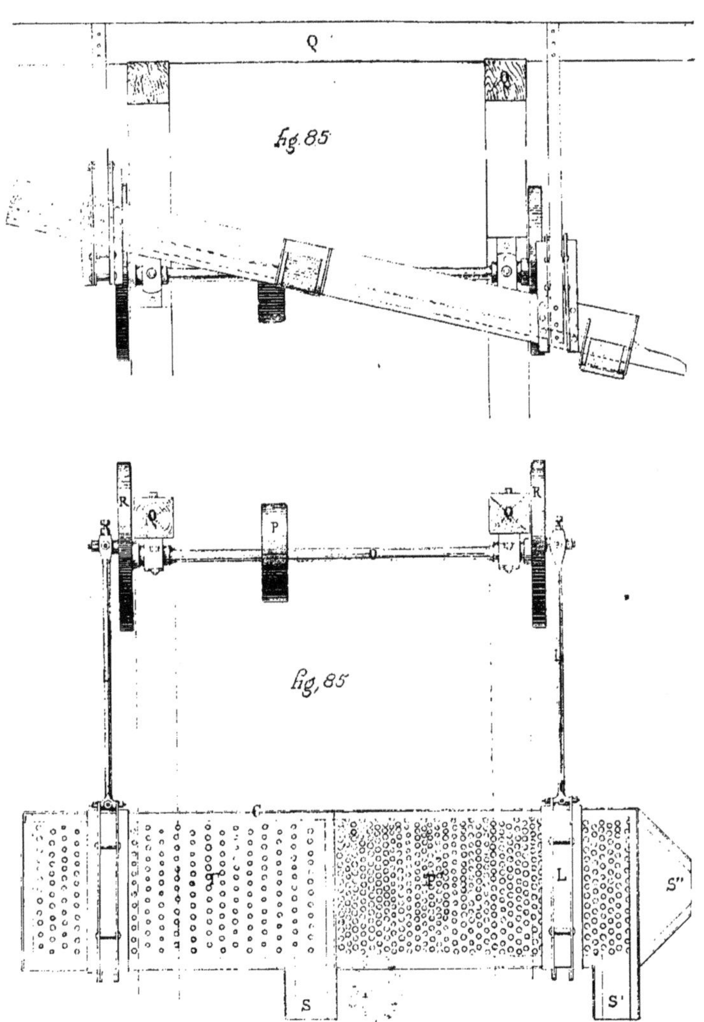

Fig. 85, Tamis à secousses.

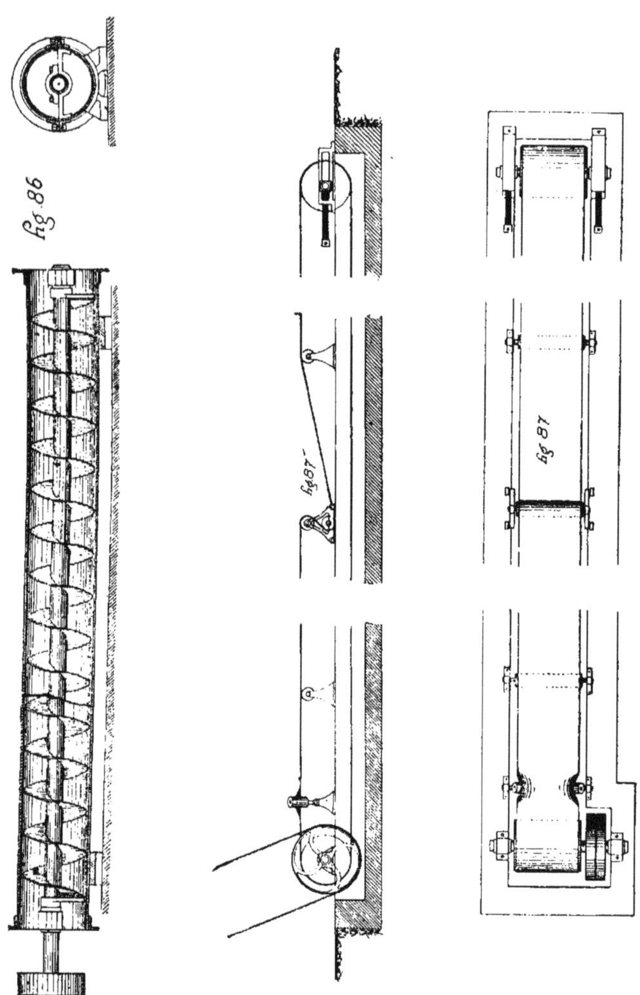

Fig. 86, Vis transporteuse. — Fig. 87, Transporteur à courroie.

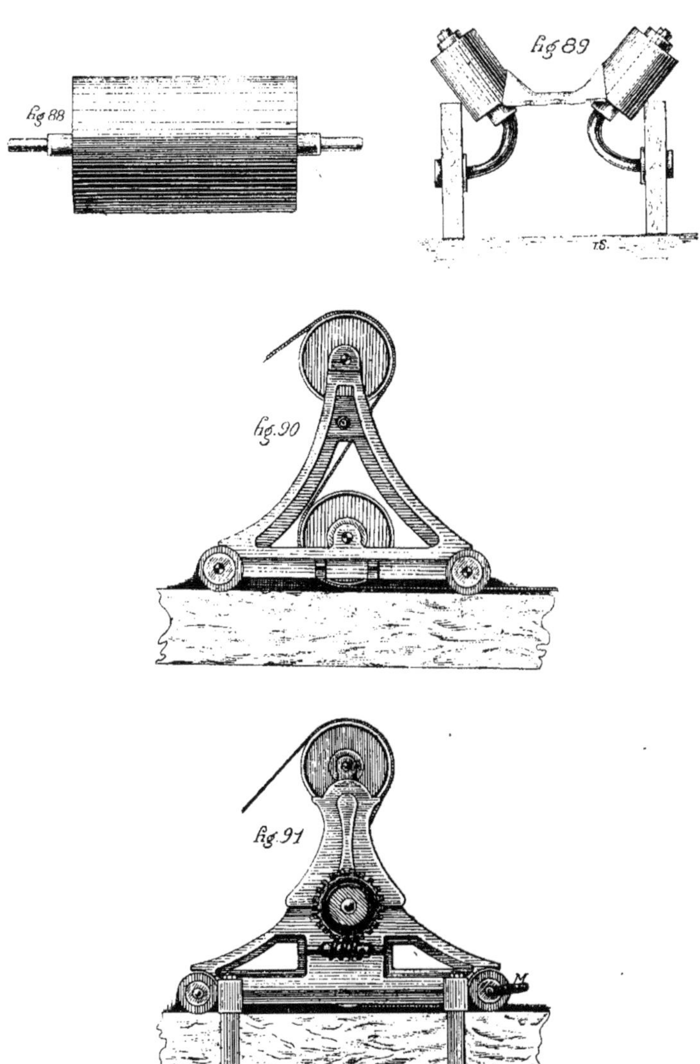

Fig. 88, Rouleau intermédiaire de transporteur à courroie. — Fig. 89, Rouleau d'angle de transporteur à courroie. — Fig. 90, Chariot mobile se mouvant à la main de transporteur à courroie. — Fig. 91, Chariot mobile par manivelle de transporteur à courroie.

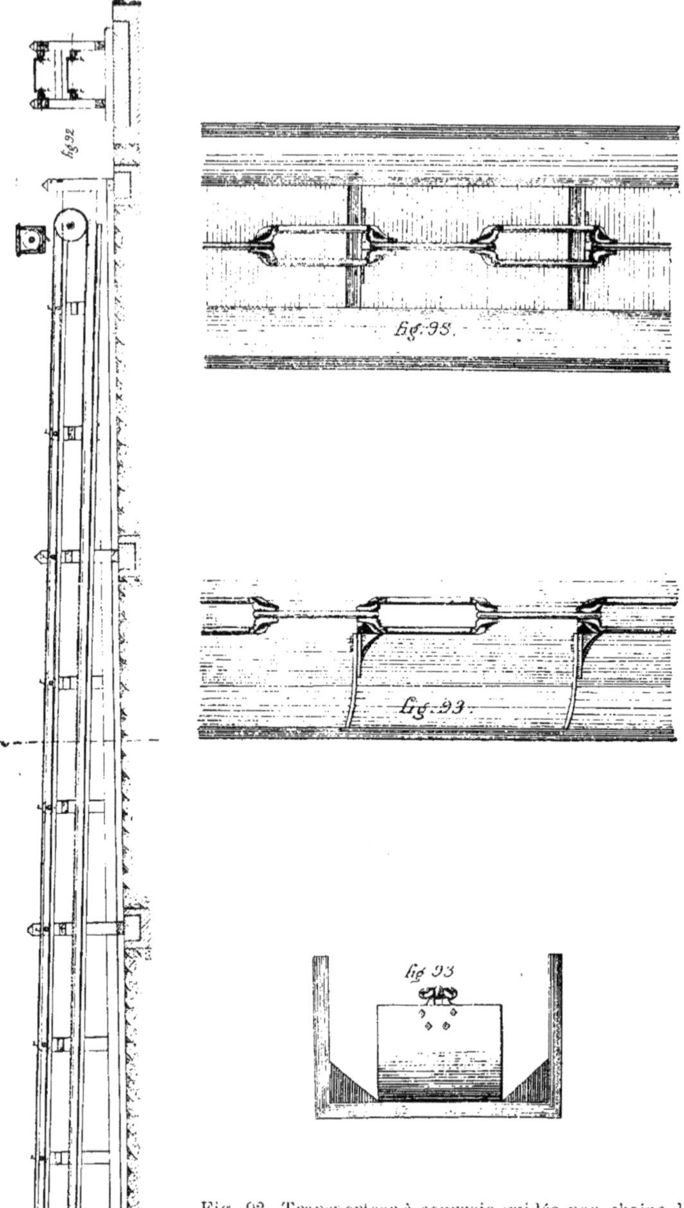

Fig. 92, Transporteur à courroie guidée par chaine de Galles ou de Vaucanson. — Fig. 93, Transporteur-traineur

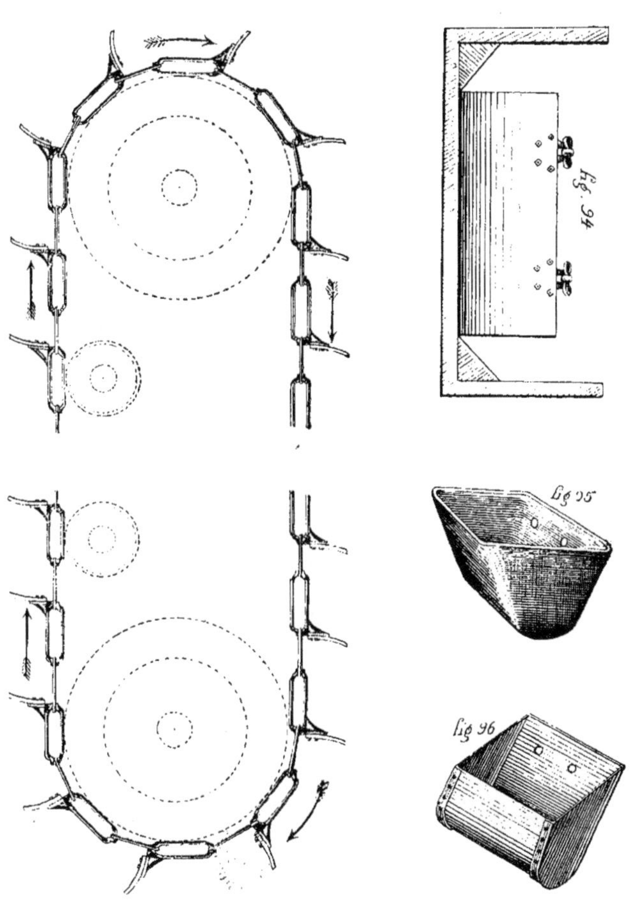

Fig. 94, Transporteur-traineur à double chaine. — Fig. 95, Godet estampé.
— Fig. 96, Godet rivé.

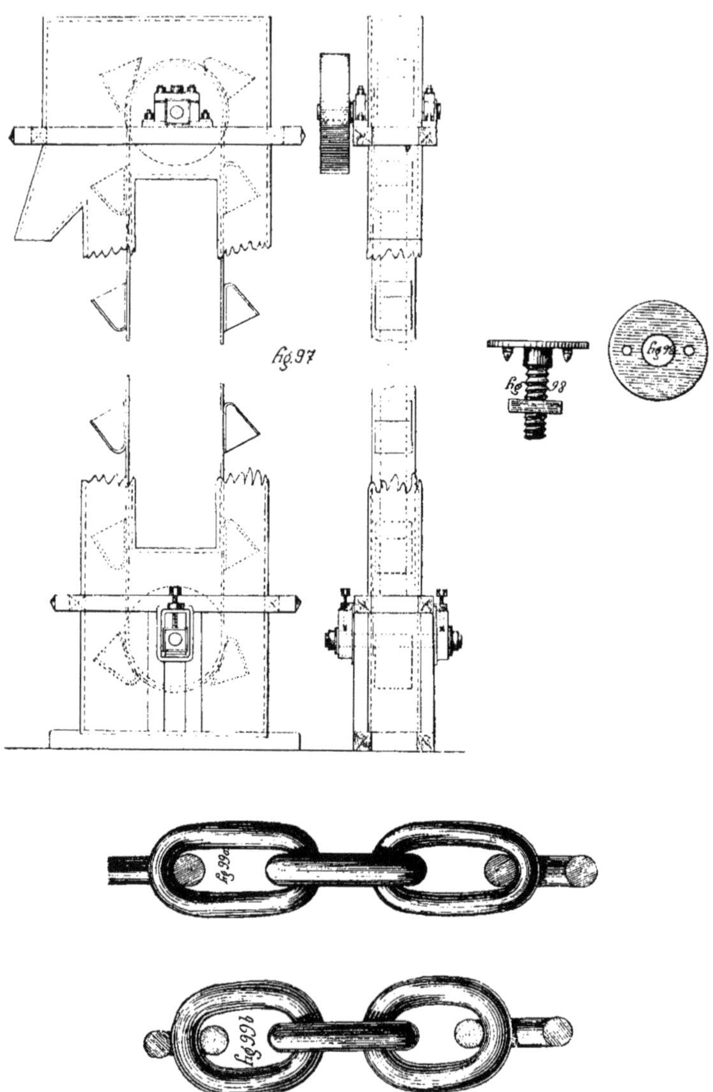

Fig 97, Chaine à godets à courroie. — Fig. 98, Boulons pour fixer les godets sur la courroie. — Fig. 99, Chaine à maillons ordinaires *a, b*.

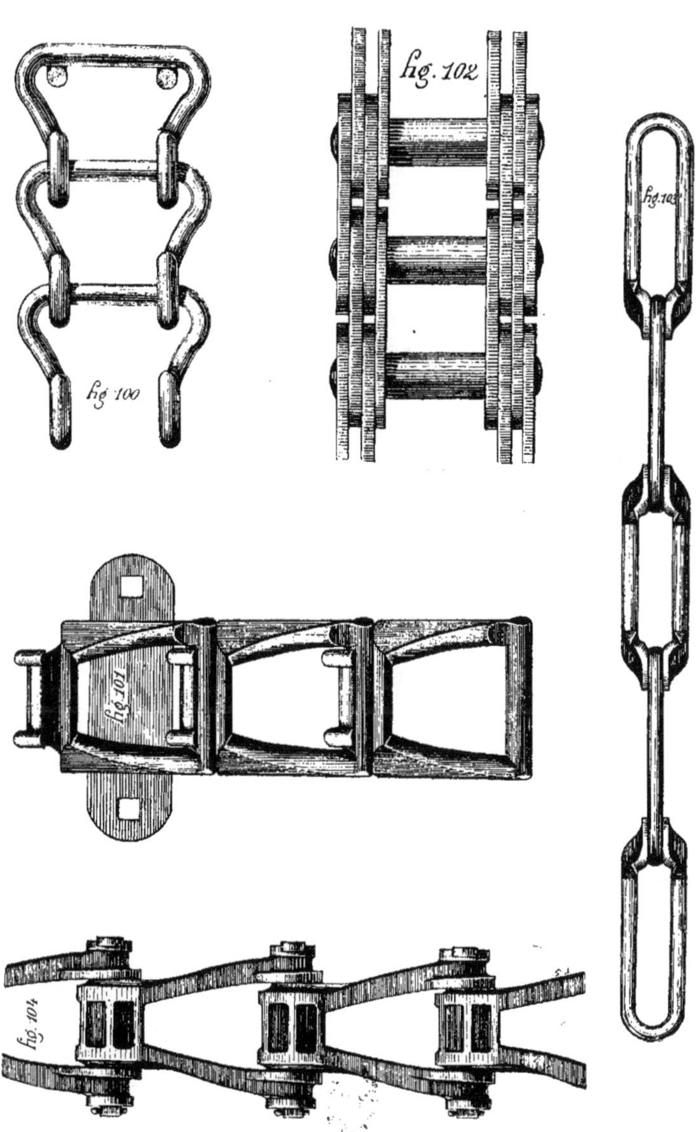

Fig 100, Chaîne Vaucanson. — Fig. 101, Chaîne Ewart. — Fig. 102, Chaîne Galles. — Fig. 103, Chaîne Dodge. — Fig 104, Chaîne Leye.

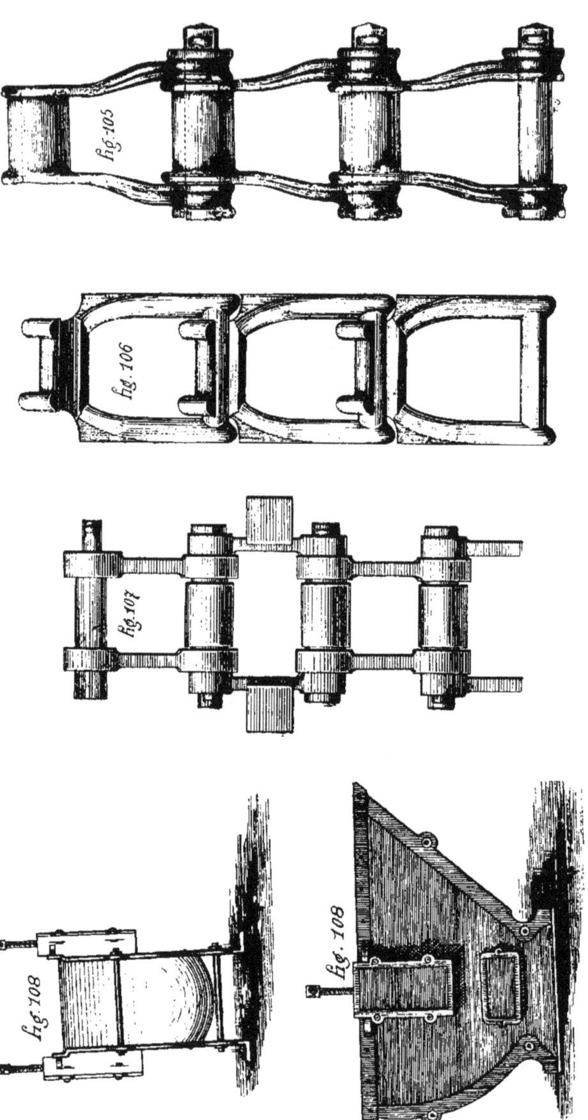

Fig. 105, Chaine Gray. — Fig. 106, Chaine Standart. — Fig. 107, Chaine Vilain. — Fig. 108, Cuvette en fonte de chaine à godets.

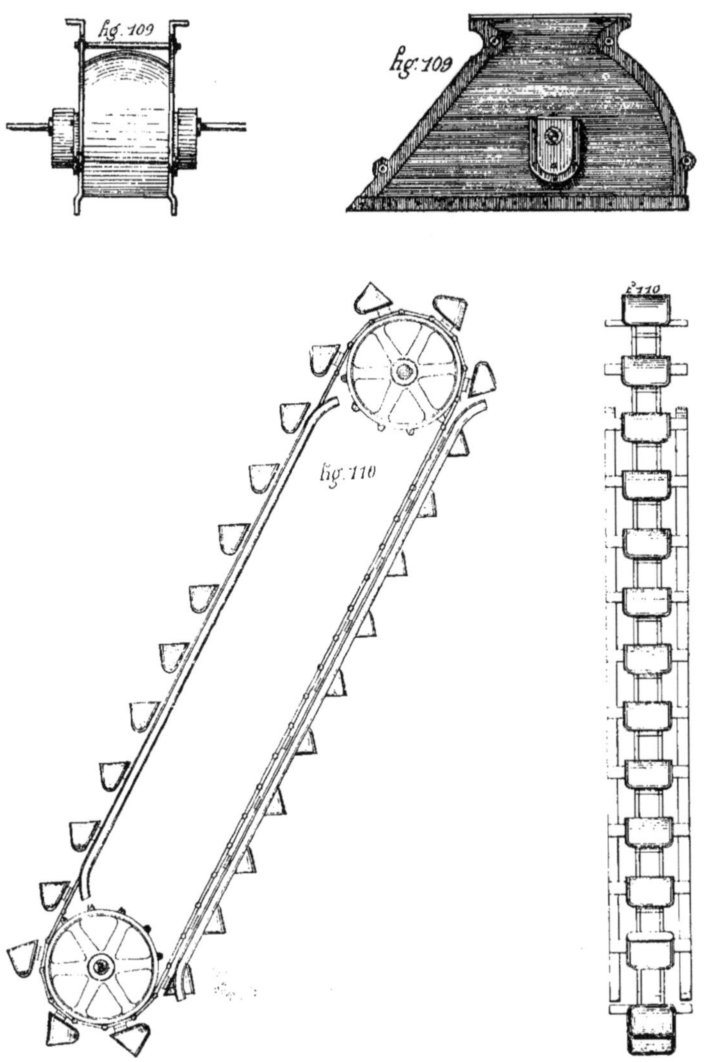

Fig. 109, Tête de chaîne à godets. — Fig. 110, Chaîne à godets métallique guidée.

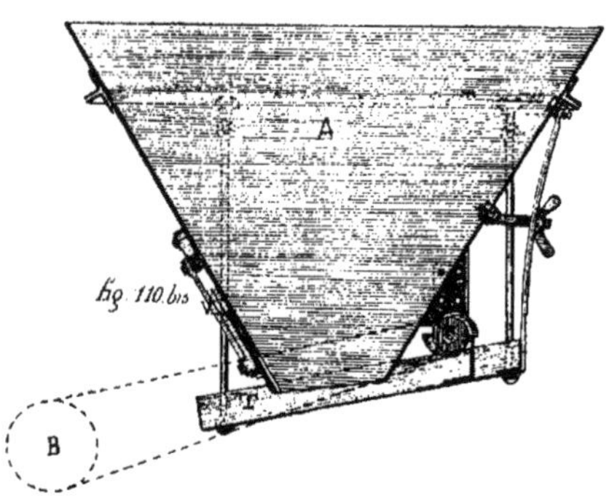

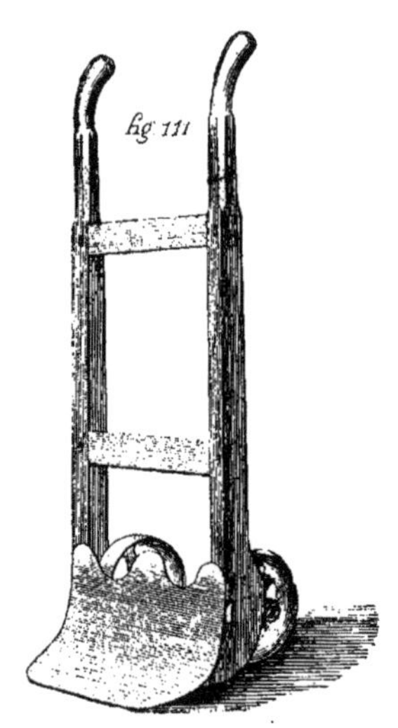

Fig. 110 *bis*, Distributeur de chaine à godets. — Fig. 111, Brouette à sacs.

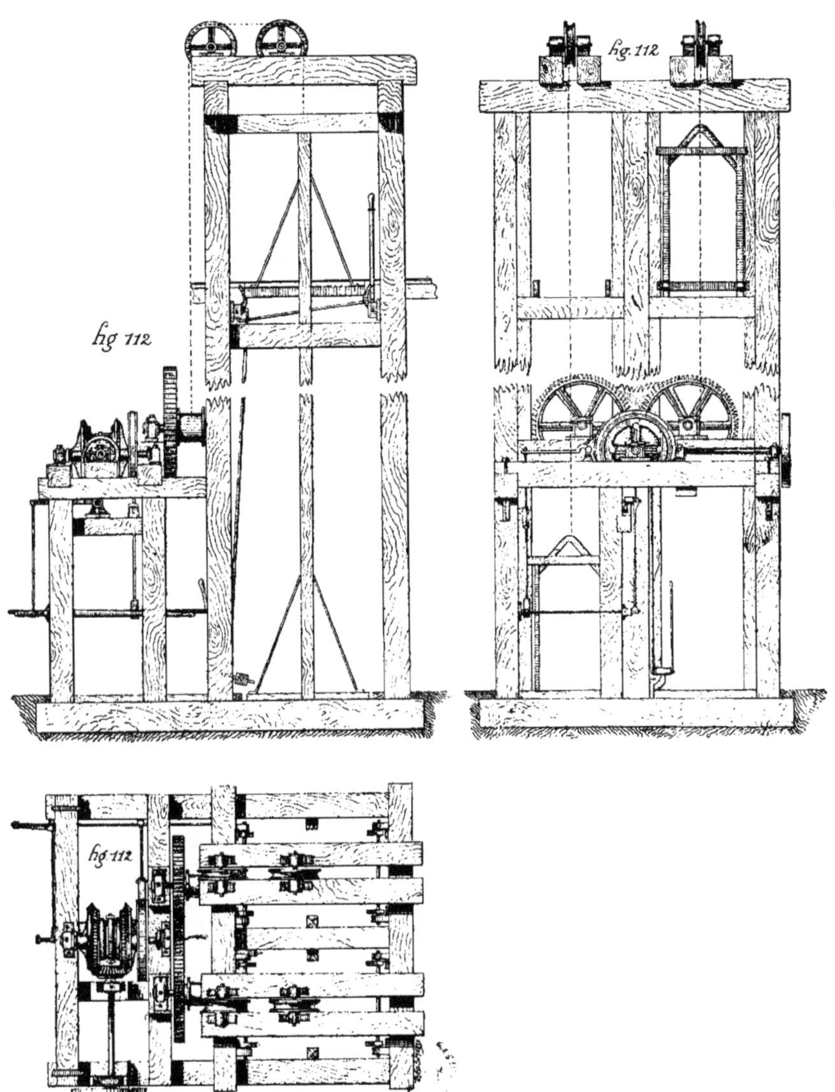

Fig. 112, Monte-charges à cages à double mouvement.

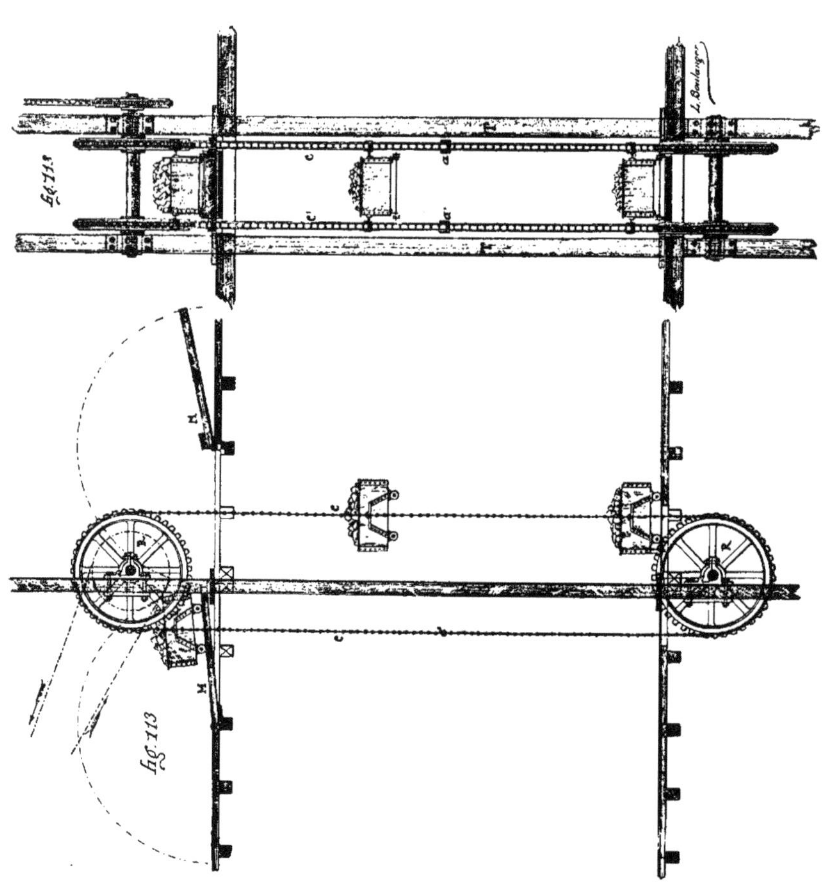

Fig. 113, Monte-charges à chaînes portant directement les wagonnets

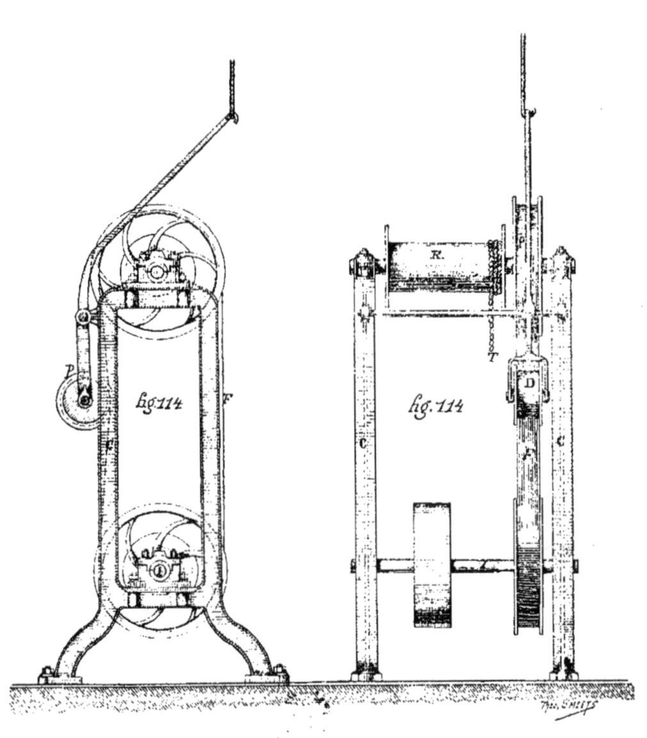

Fig. 114, Monte-sacs à corde.

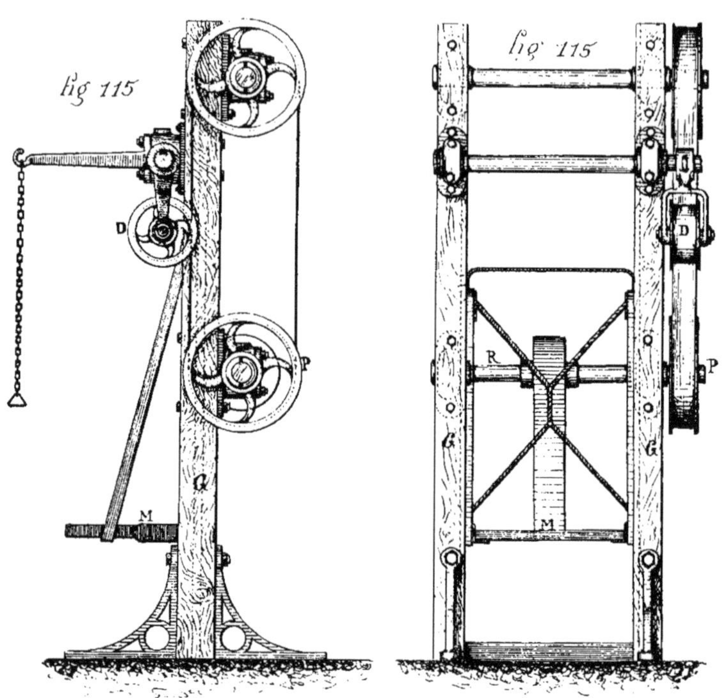

Fig. 115, Monte-sacs à chaise porteuse mû par courroie.

Pl. LXVII

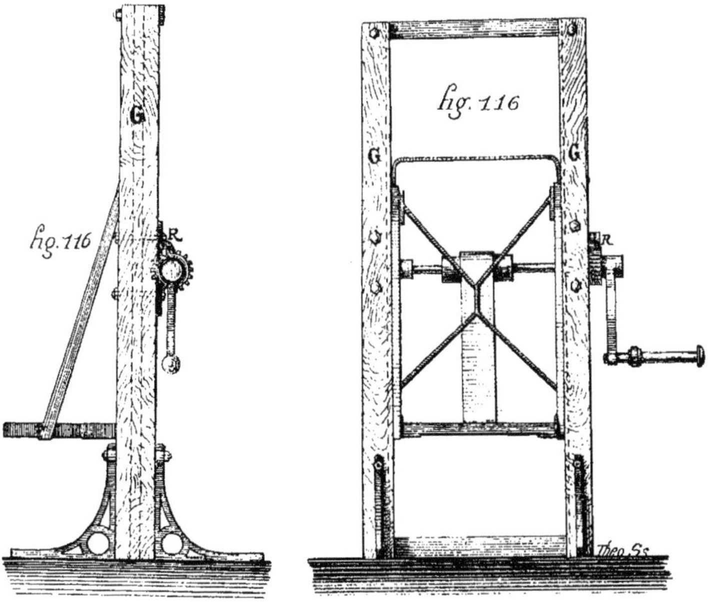

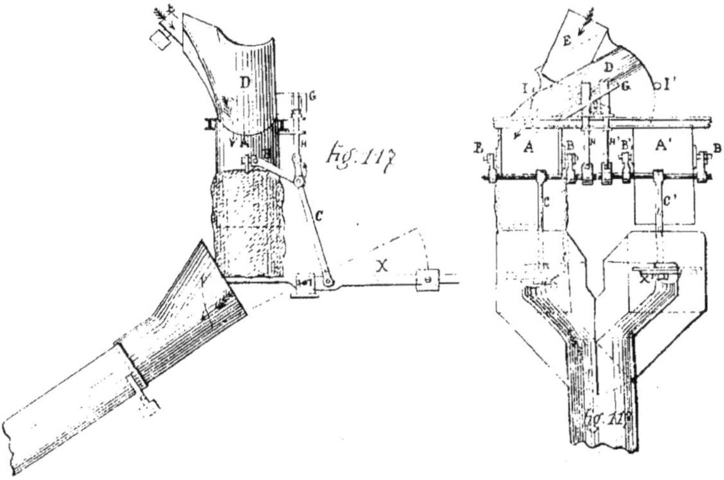

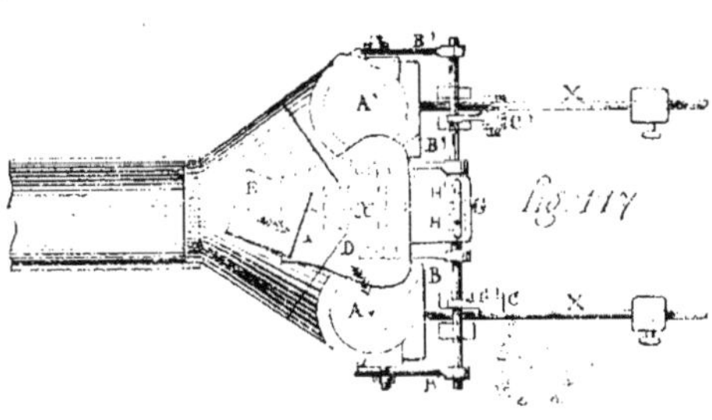

Fig. 116, Monte-sacs à chaise porteuse mû à la main. — Fig. 117, Ensacheur-chargeur automatique

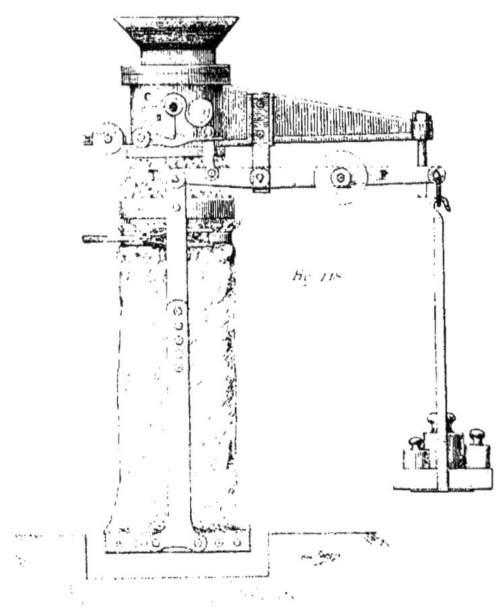

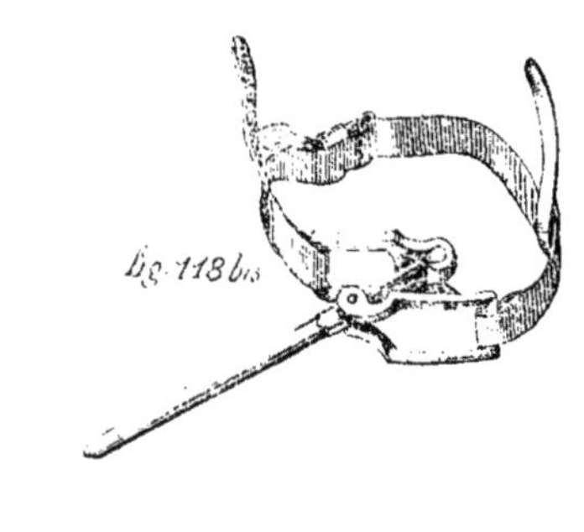

Fig. 118, Ensacheur automatique — Fig. 118 *bis*, Ceinture d'ensacheur. —
Fig. 119, Plancher mobile de magasin à sacs de phosphate.

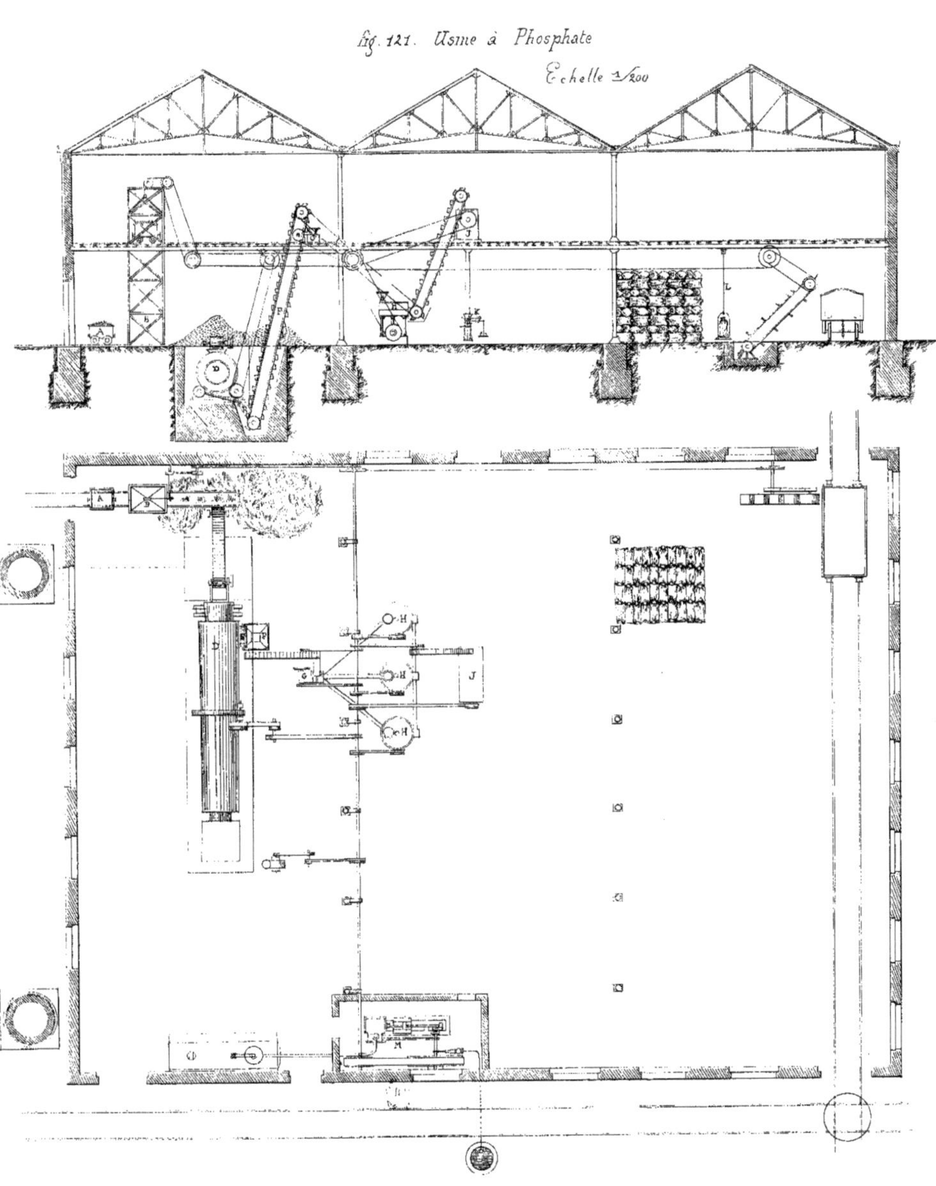

fig. 121. Usine à Phosphate
Echelle 1/200
A
B
D
E
F
G
H
J
K
L
M

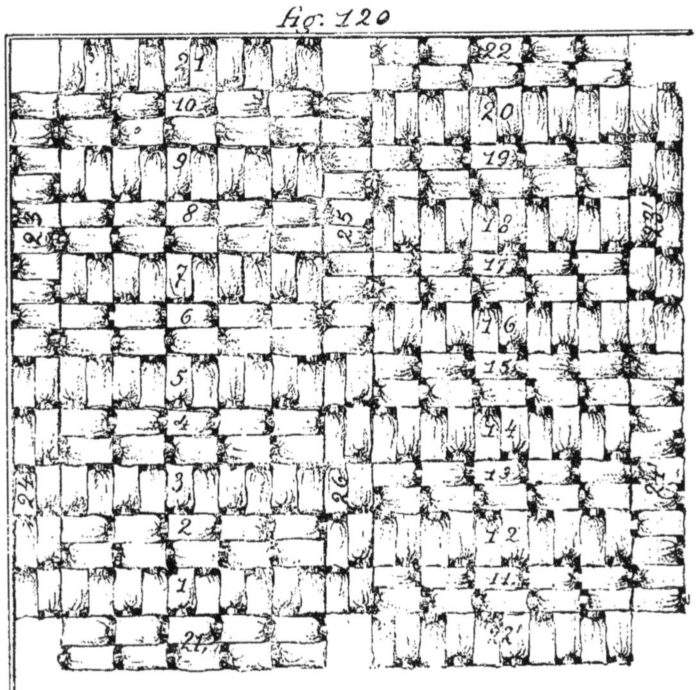

Fig. 120. Magasin de sacs de phosphate classés par parties de 10 T.

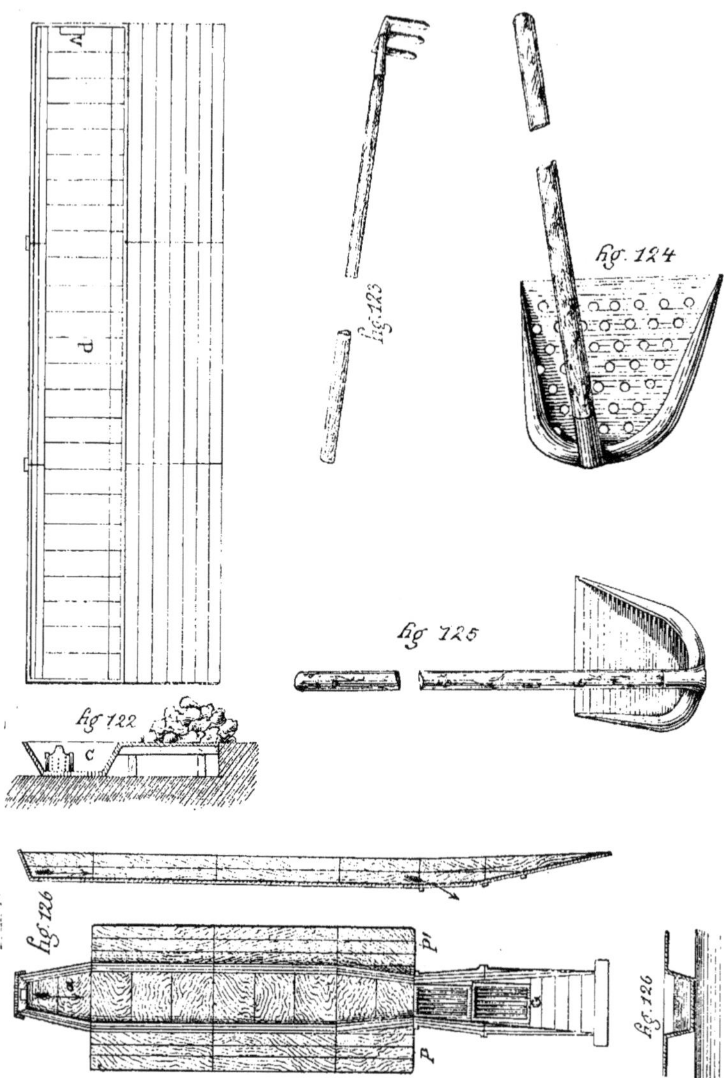

Fig. 122, Lavoir à bras du Boulonnais. — Fig. 123, Croc à trois dents. —
Fig. 124, Rofle perforé — Fig. 125, Rofle ordinaire. — Fig. 126, Lavoir à bras
des Ardennes et de la Meuse.

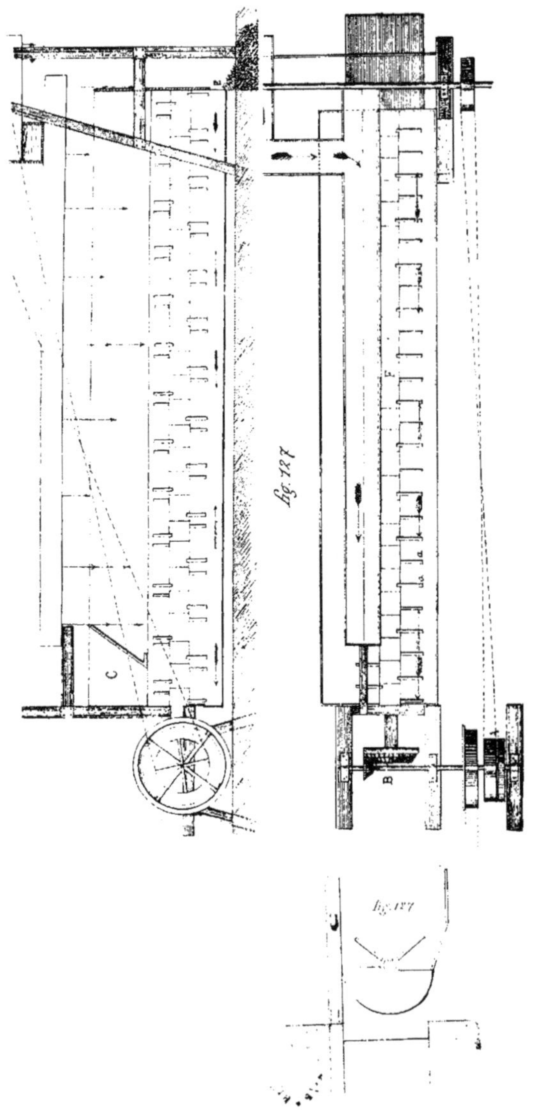

Fig. 127, Malaxeur horizontal

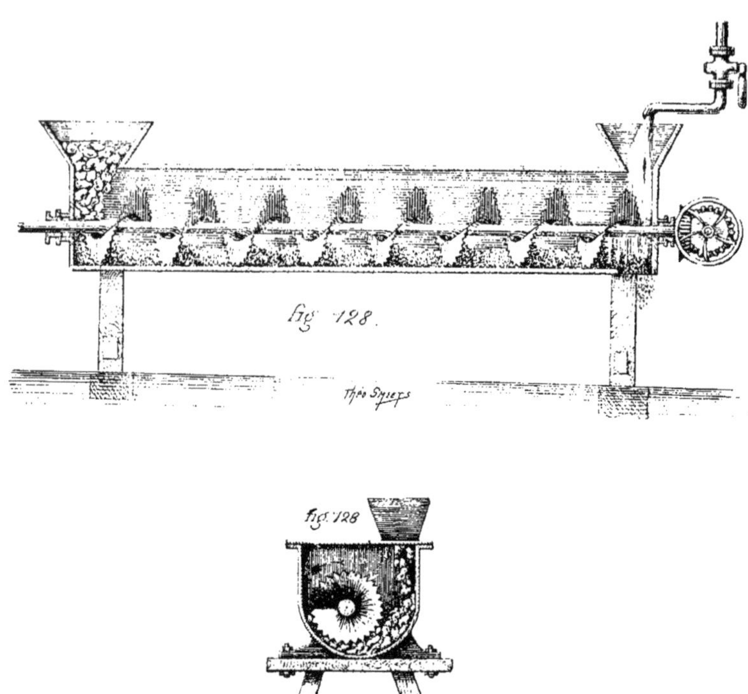

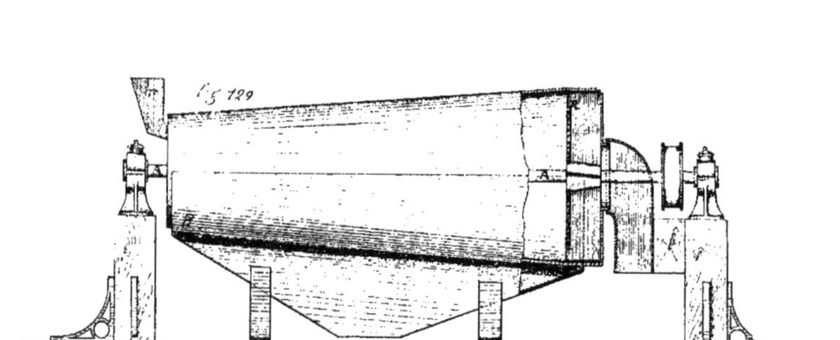

Fig. 128, Vis d'Archimède excentrée. — Fig. 129, Débourbeur.

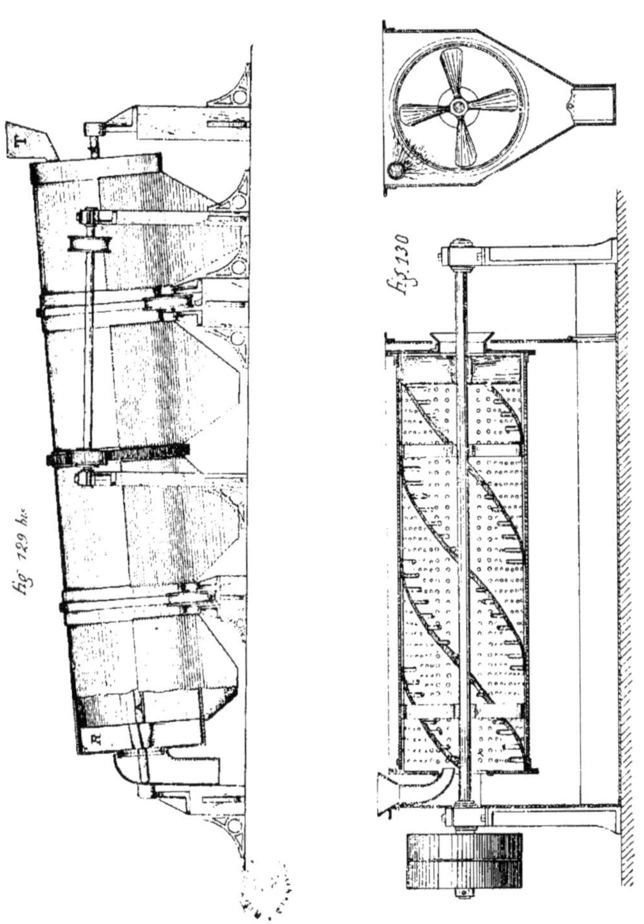

Fig. 129 bis, Débourbeur roulant sur galets. — Fig. 130, Trommel-débourbeur et classeur.

Fig. 131, Trommels-débourbeurs et classeurs en cascade

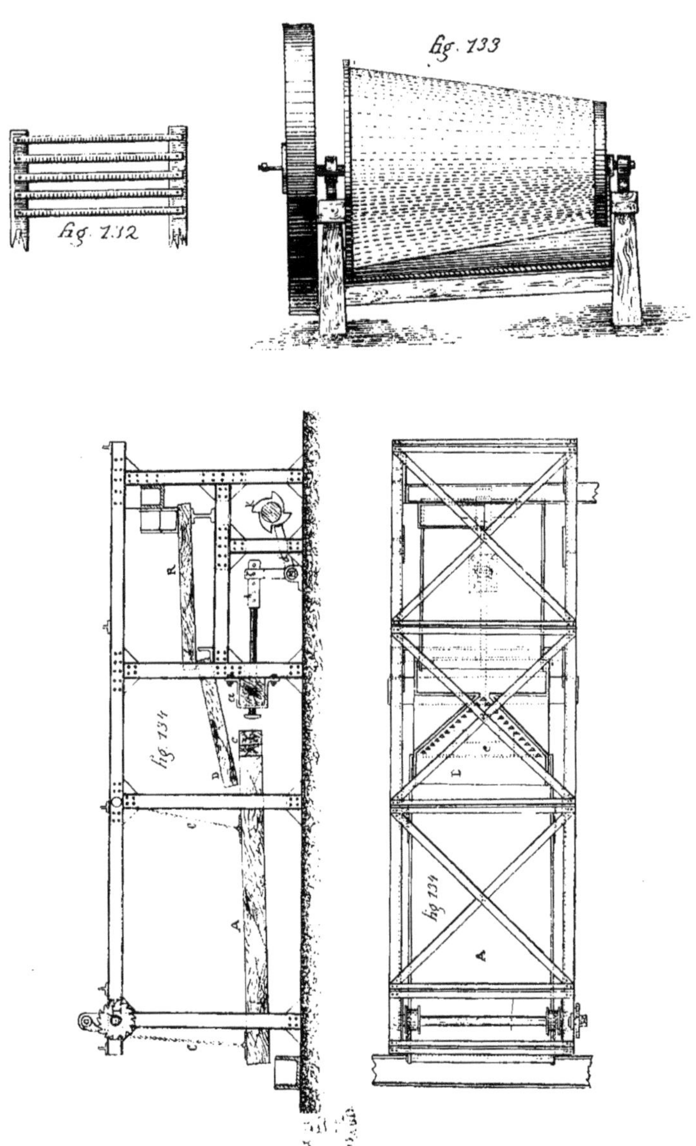

Fig. 132, Grille. — Fig. 133, Trommel-classeur. — Fig. 134, Table à secousses.

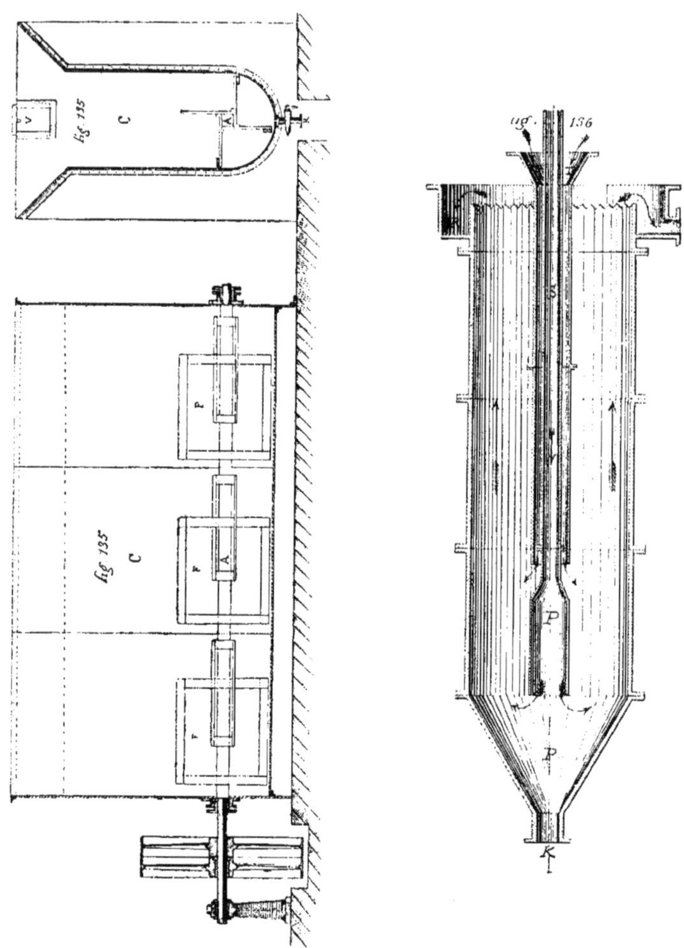

Fig. 135, Laveur Fontaine. — Fig. 136, Colonne Solvay.

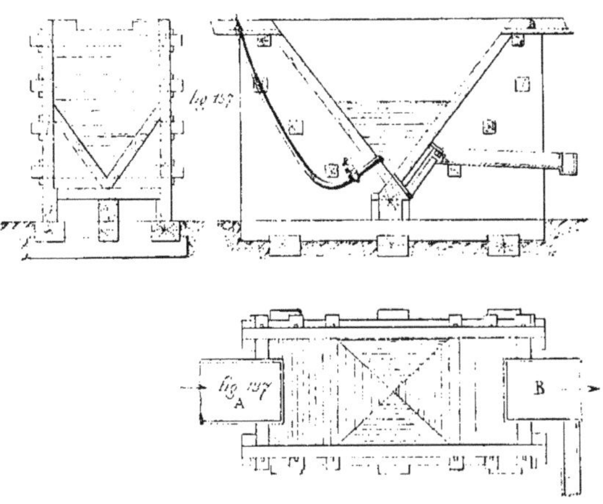

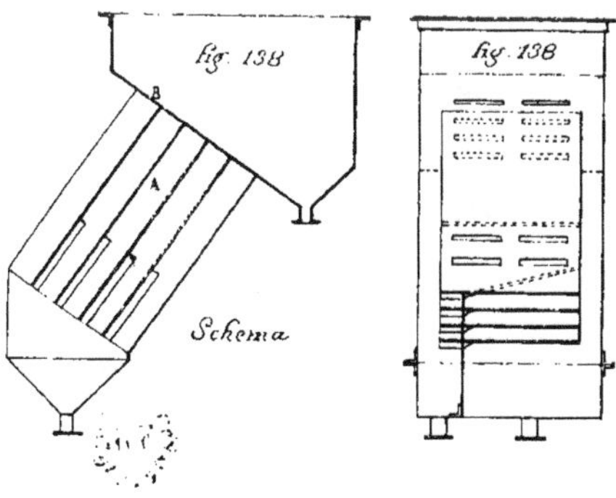

Fig. 137, Classeur conique ou spitzkasten. — Fig. 138, Classeur Bouchez.

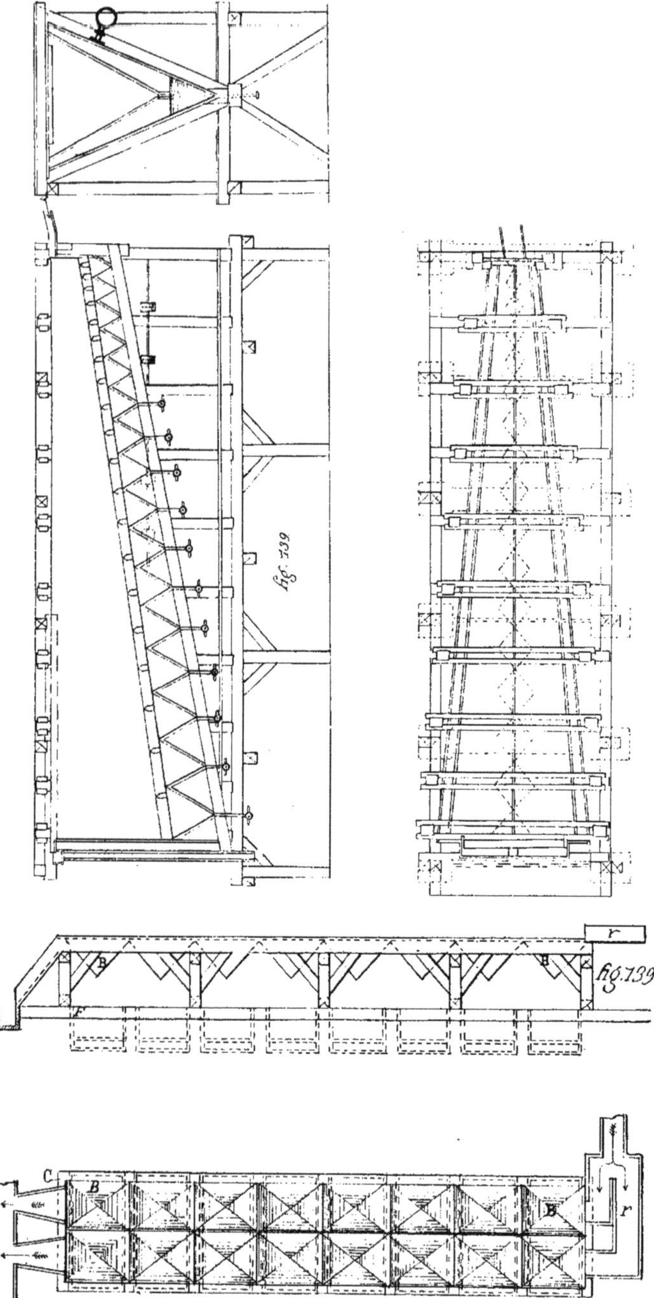

Fig. 139, Classificateurs ou stromgerin simple et double.

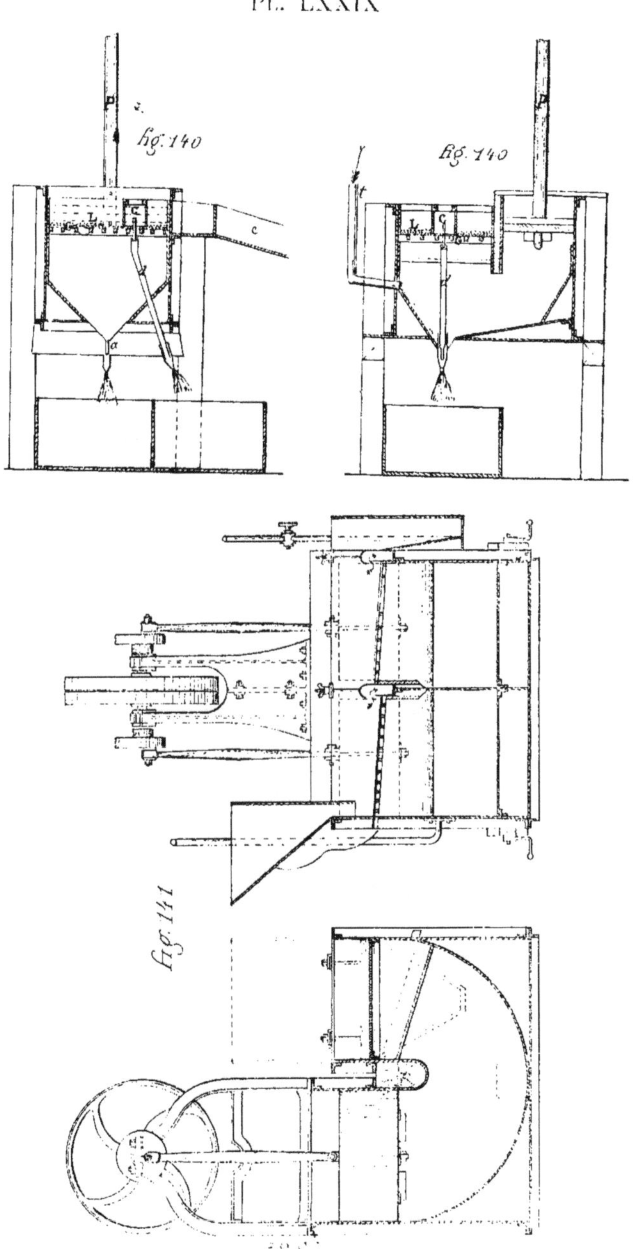

Fig. 140, Crible simple continu. — Fig. 141, Crible double continu.

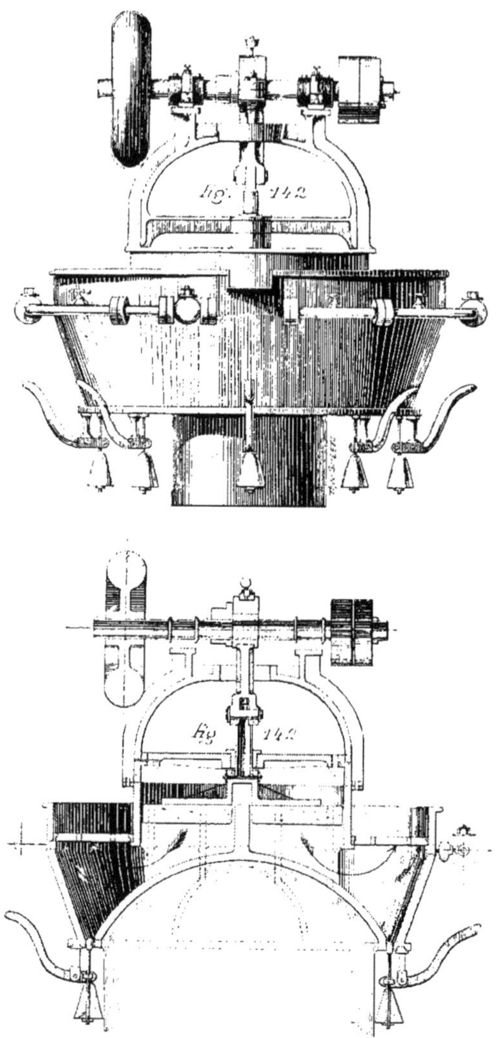

Fig. 142, Crible circulaire continu Castelnau.

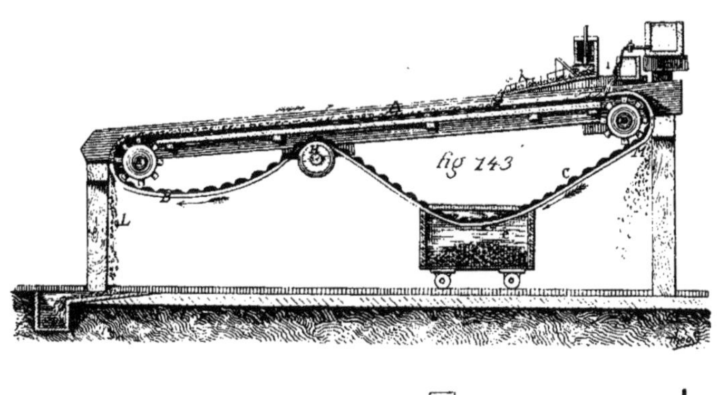

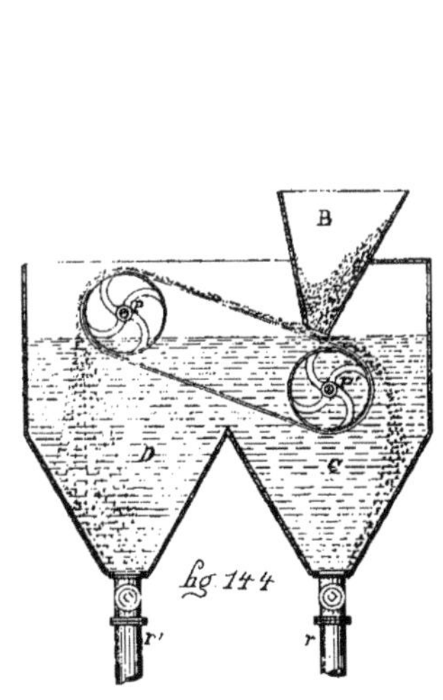

Fig. 143, Table de Brünton. — Fig. 144, Transporteur-classificateur Solvay. — Fig. 145, Caisson et labyrinthe.

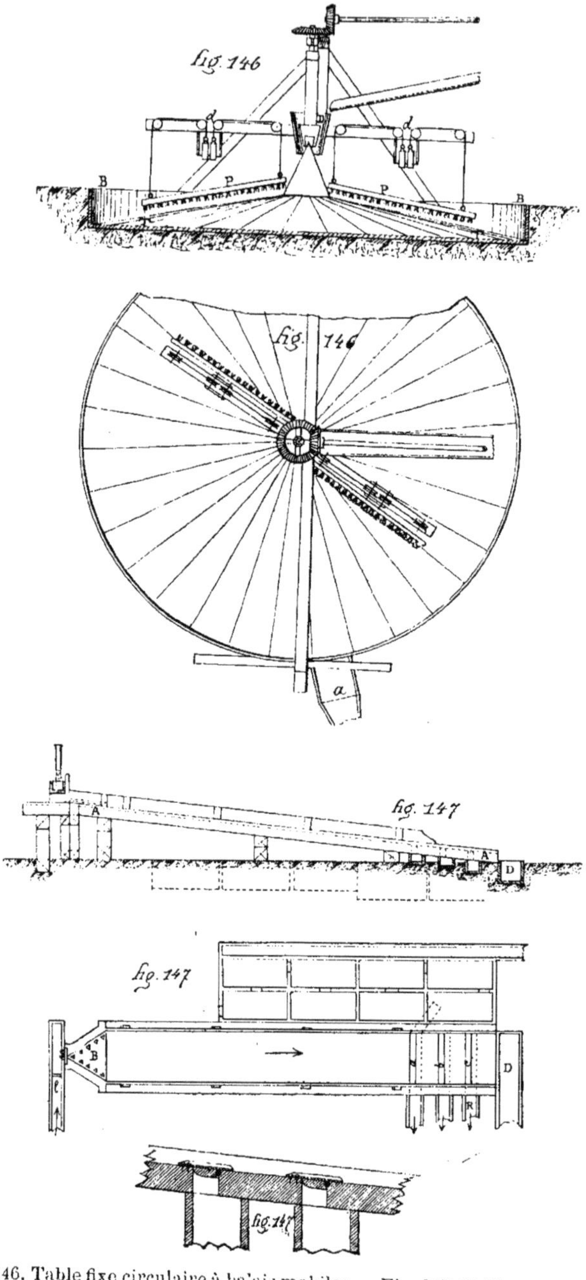

Fig. 146, Table fixe circulaire à balais mobiles. — Fig 147, Table dormante.

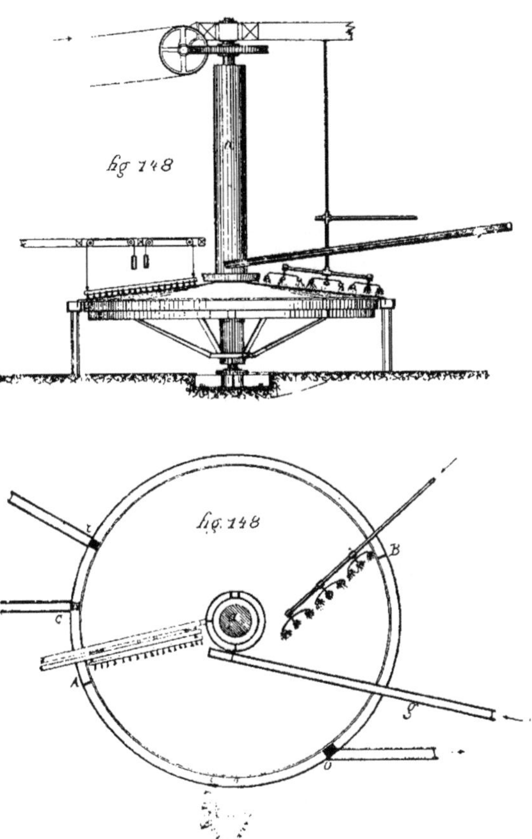

Fig. 148, Table tournante.

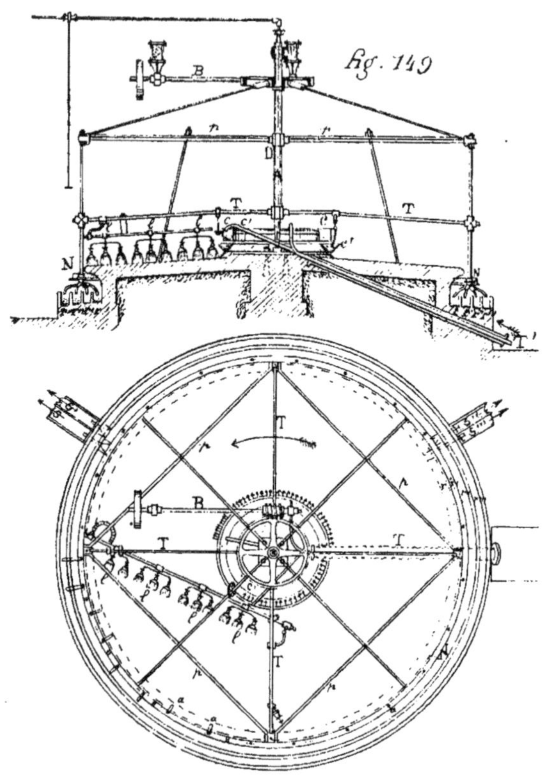

Fig. 149, Table ronde, système Linkenbach.

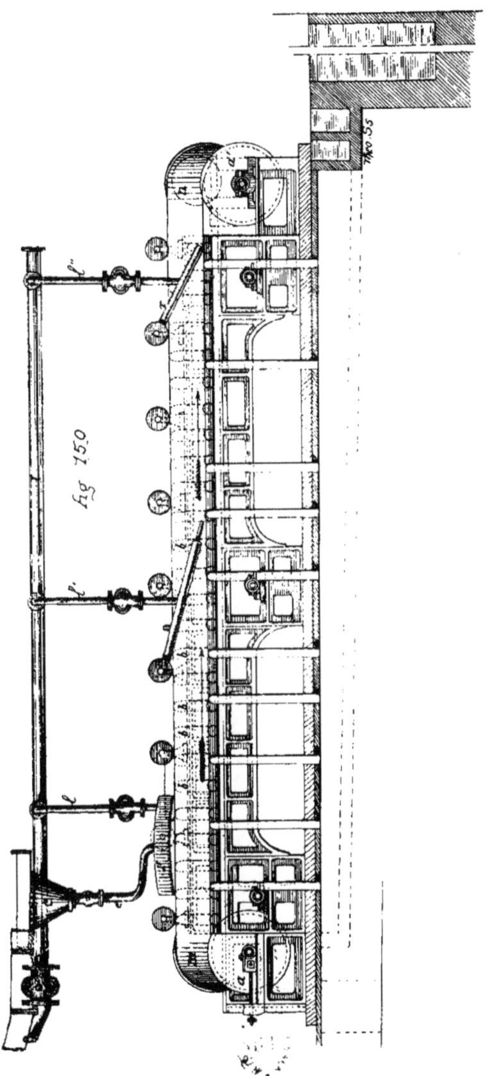

Fig. 150, Enrichisseur de fines, système Castelnau

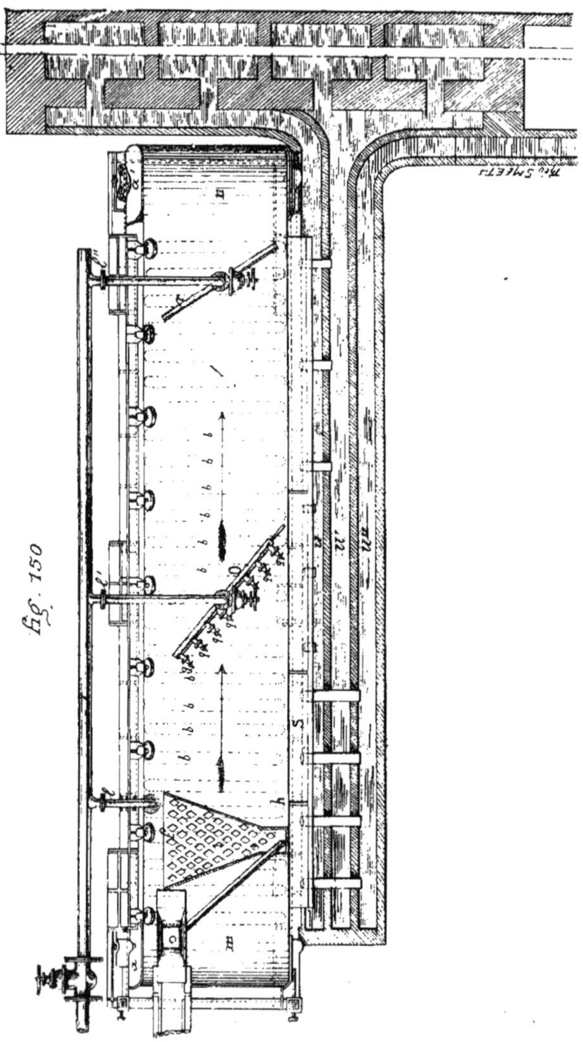

Fig 150, Enrichisseur de fines, système Castelnau

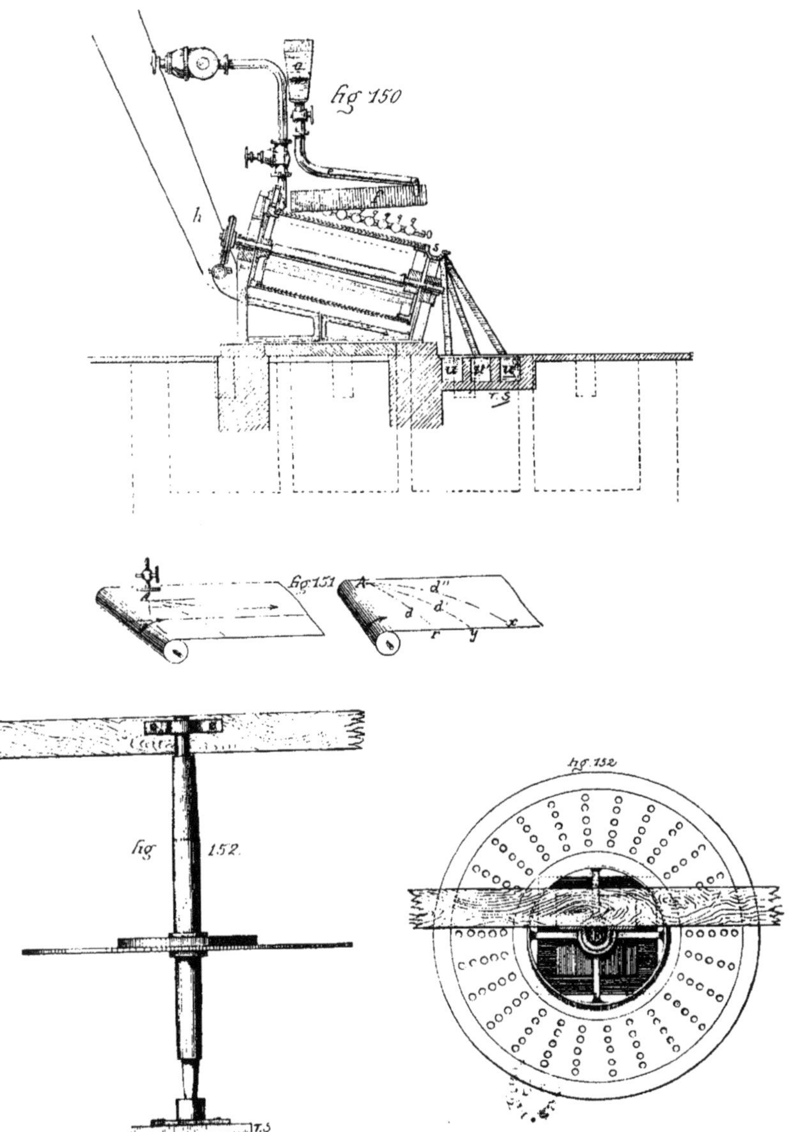

Fig. 150, Enrichisseur de fines, système Castelnau. — Fig. 151, Épure. — Fig. 152, Table tournante de triage.

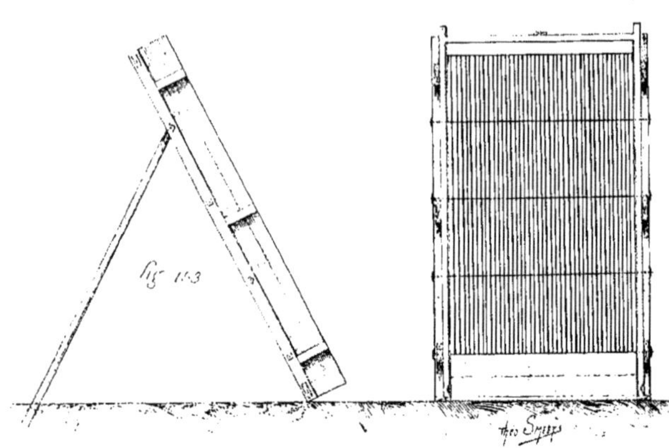

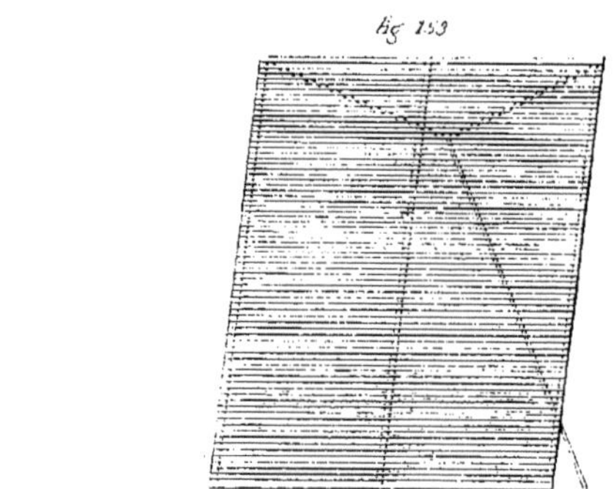

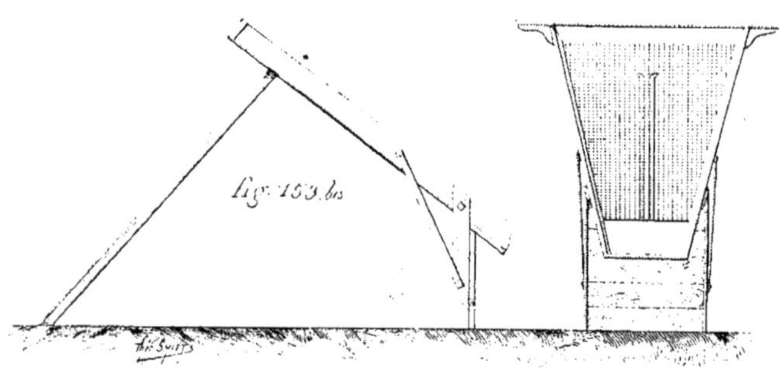

Fig. 153, Claie. — Fig. 153 bis, Billard.

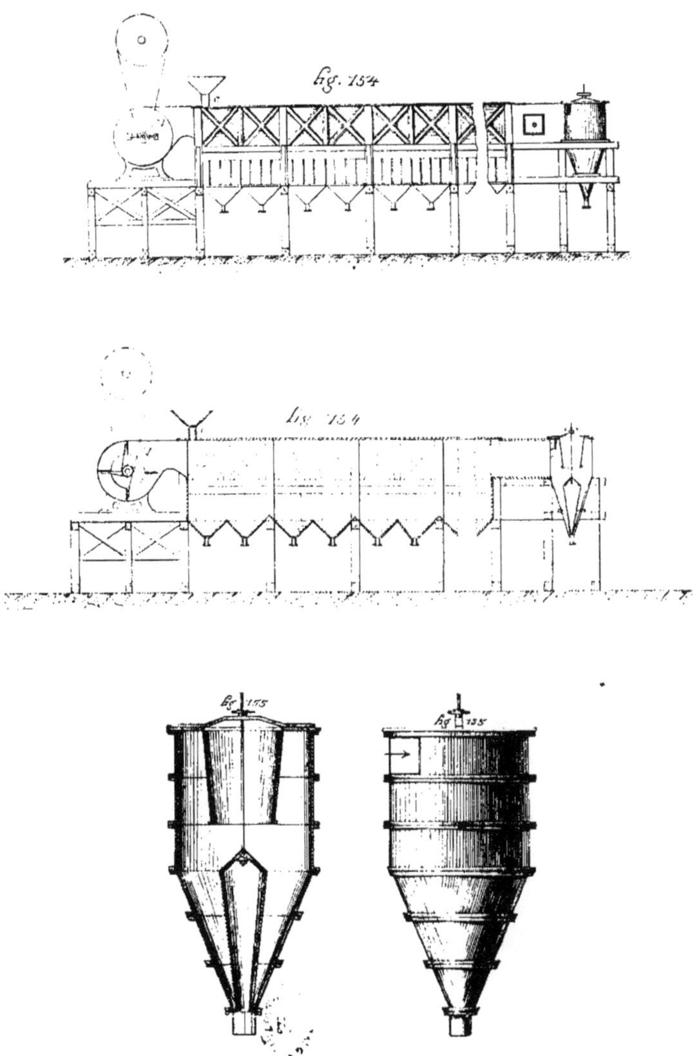

Fig. 154, Trieur à vent. — Fig. 155, Cyclone ou accumulateur de poussières.

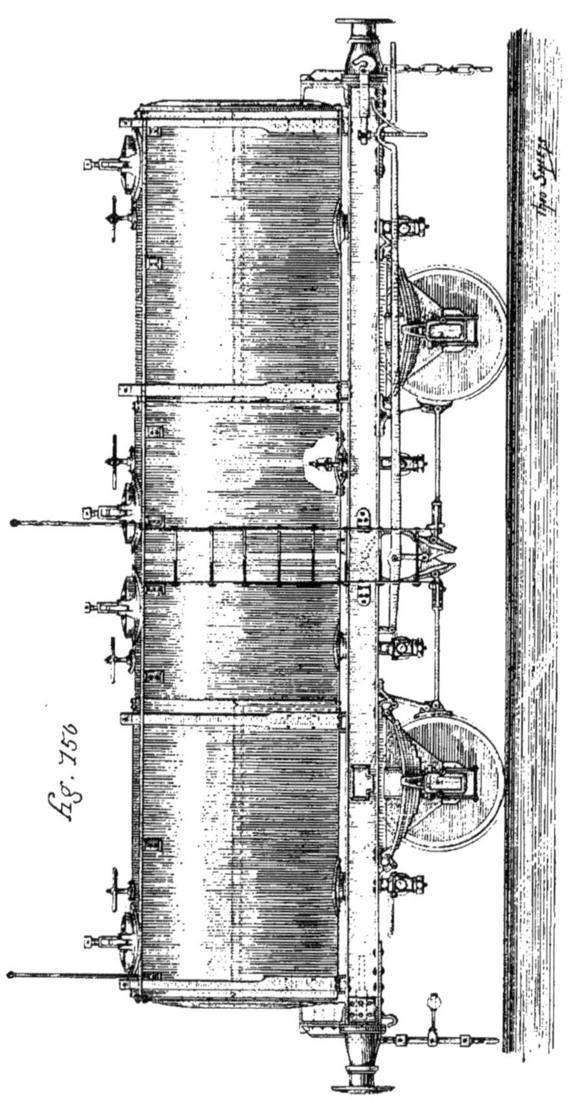

Fig. 156, Wagon-citerne agréé par l'Etat-Belge.

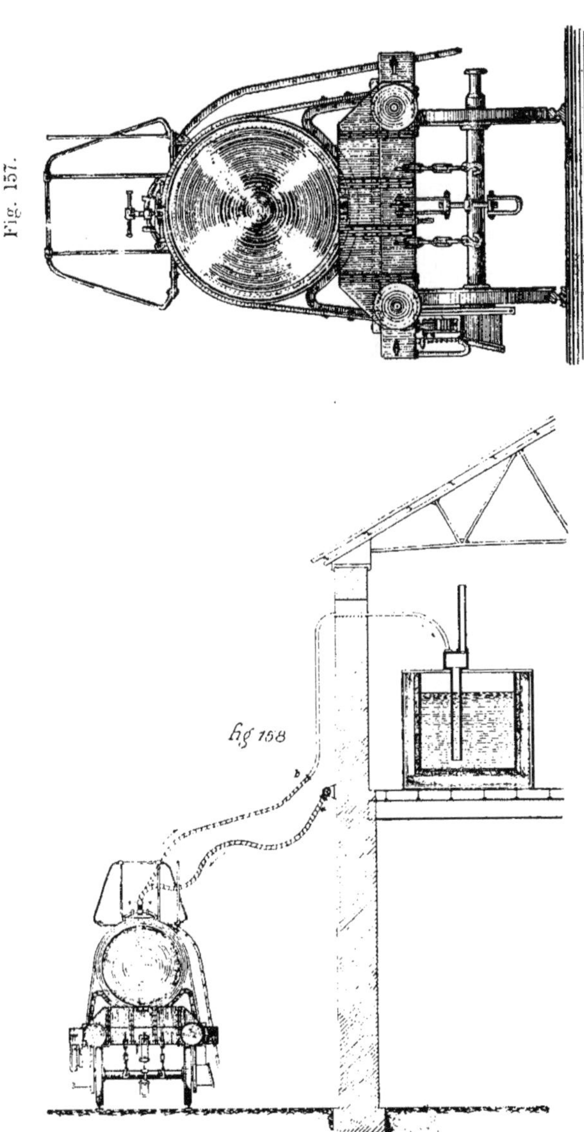

Fig. 157.

fig 158

Fig. 157, Wagon-citerne en vidange à air libre — Fig. 158, Wagon-citerne
en vidange à air comprimé.

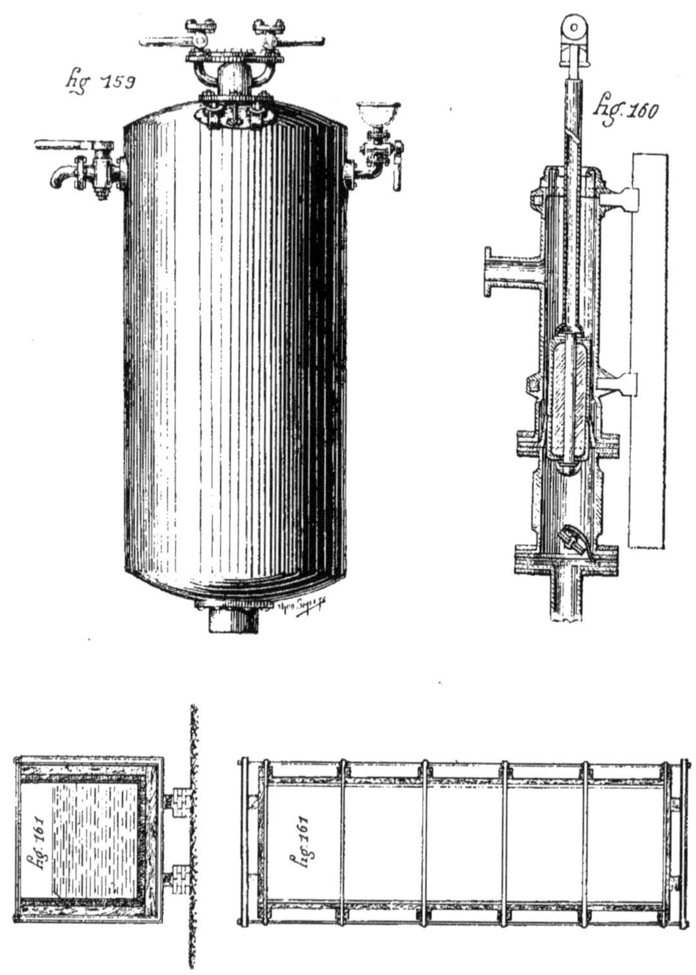

Fig. 159, Monte-acide. — Fig. 160, Pompe à acide. — Fig. 161, Réservoir à acide sulfurique.

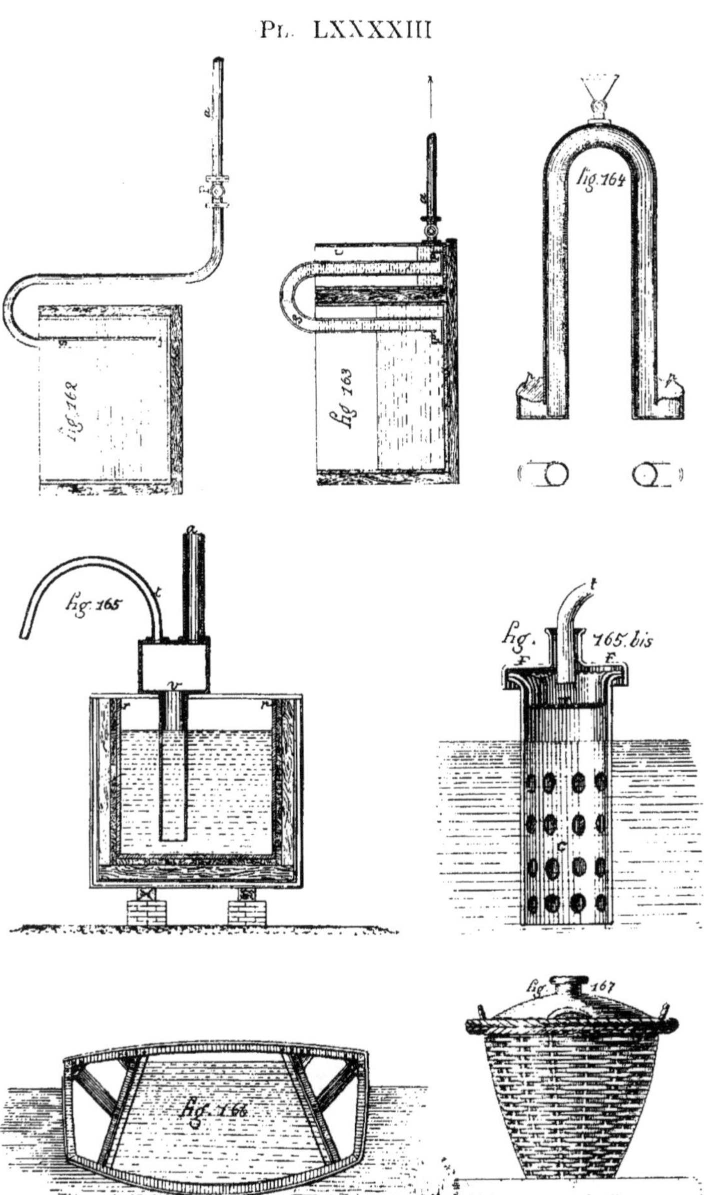

Fig. 162. 163, 164, Différentes formes de siphons. — Fig. 165, Brise-jet. — 165*bis*, Brise-jet (autre dispositif). — Fig. 166, Bateau-transporteur d'acide sulfurique. — Fig. 167, Tourie à acide sulfurique.

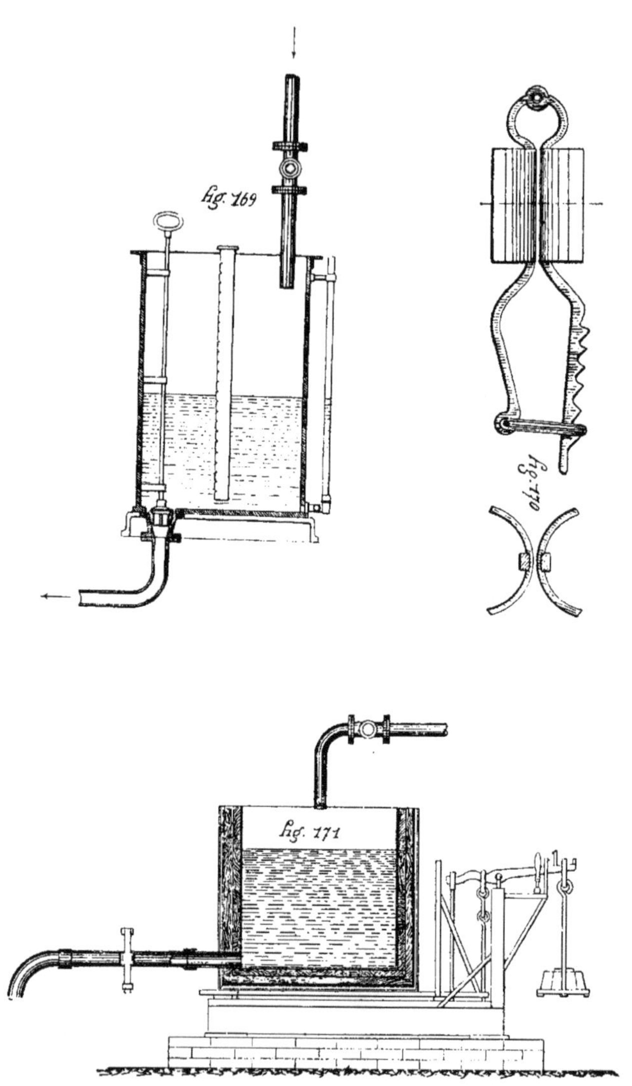

Fig. 169, Jaugeur à acide sulfurique. — Fig. 170, Pince à crémaillère. —
Fig. 171, Jeaugeage par pesée.

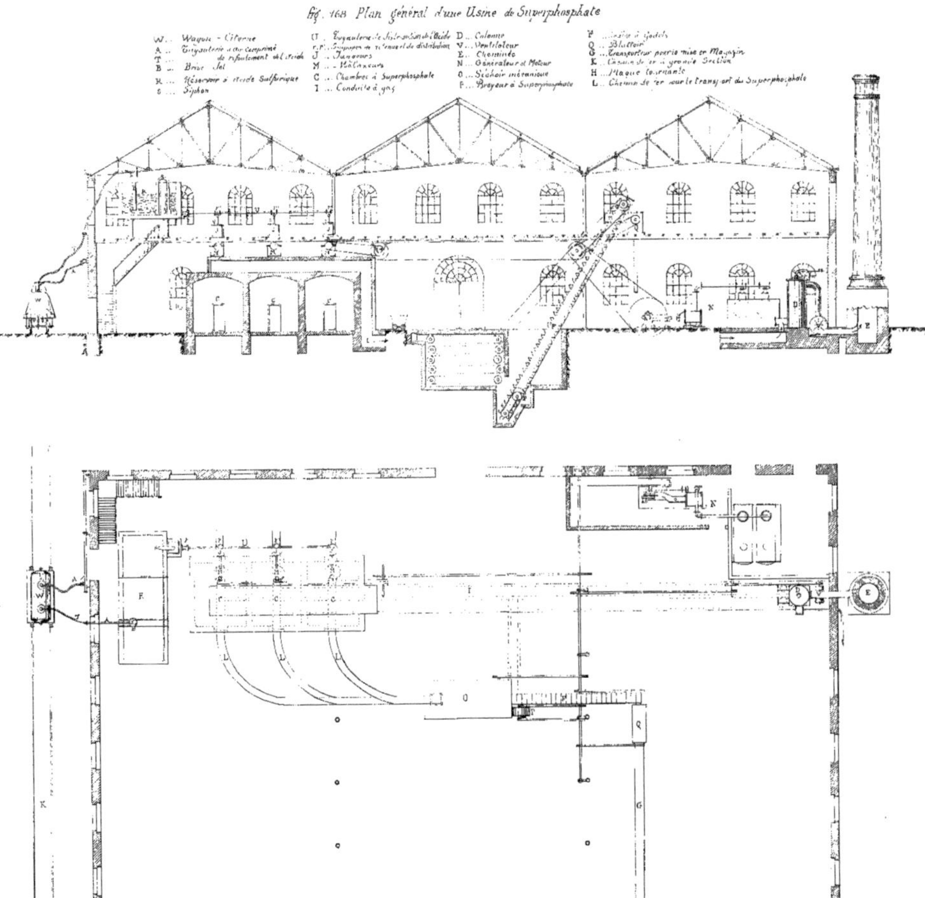

fig. 168 Plan général d'une Usine de Superphosphate
W... Wagon - Citerne
A... Tuyauterie à air comprimé
T... de refoulement de l'acide
B... Brise Jet
R... Réservoir à acide Sulfurique
S... Siphon
U... Tuyauterie de distribution de l'acide
r.r... Soupapes de retenue et de distribution
J... Tambours
M... Mélangeurs
C... Chambres à Superphosphate
I... Conduite à gaz
D... Colonne
V... Ventilateur
E... Cheminée
N... Générateur et Moteur
O... Séchoir mécanique
F... Broyeur à Superphosphate
P... Élévateur à godets
Q... Blutoir
G... Transporteur pour la mise en Magazin
K... Chemin de fer à grande Section
H... Plaque tournante
L... Chemin de fer pour le transport du Superphosphate

Pl. LXXXXV

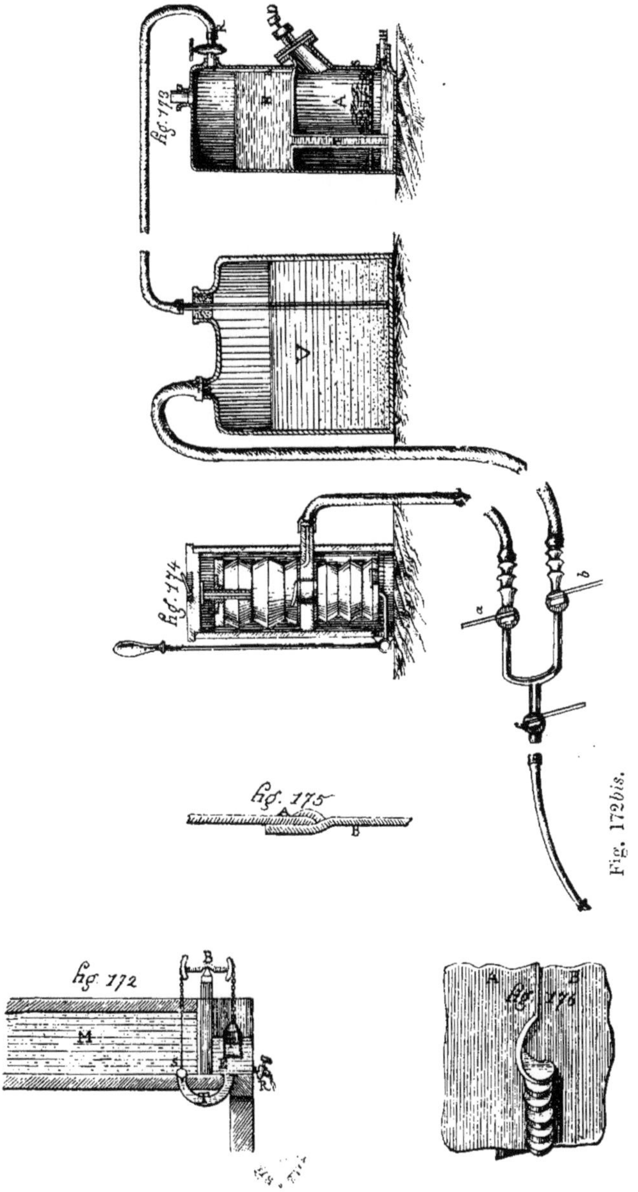

Fig. 172, Flotteur-régulateur. — Fig. 172 *bis*, Chalumeau. — Fig. 173, Appareil producteur d'hydrogène. — Fig. 174, Soufflet à air. — Fig. 175, Soudure horizontale. — Fig. 176, Soudure montante.

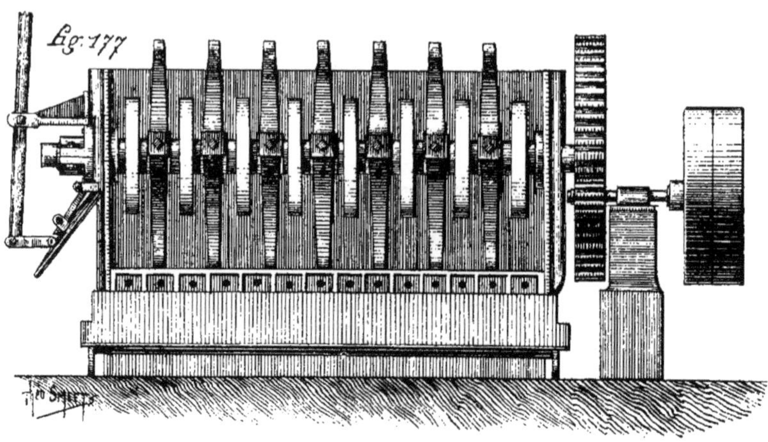

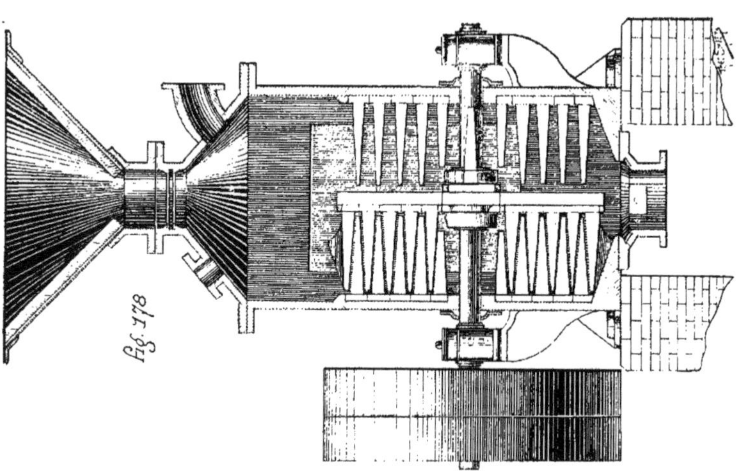

Fig. 177, Pétrin mécanique à axe horizontal. — Fig. 178, Malaxeur à axe horizontal et à double ailette.

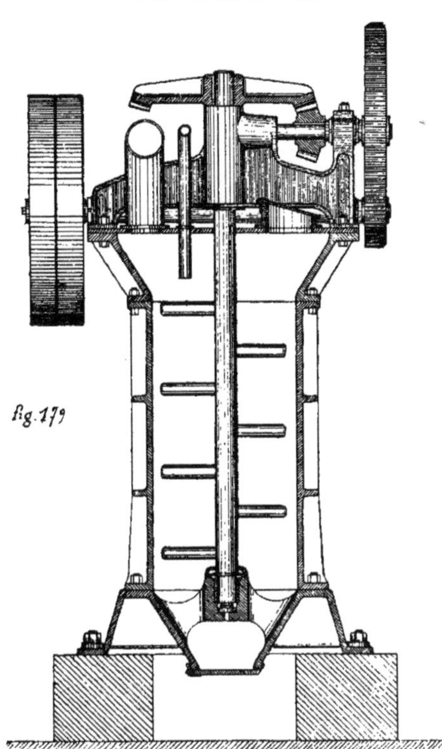

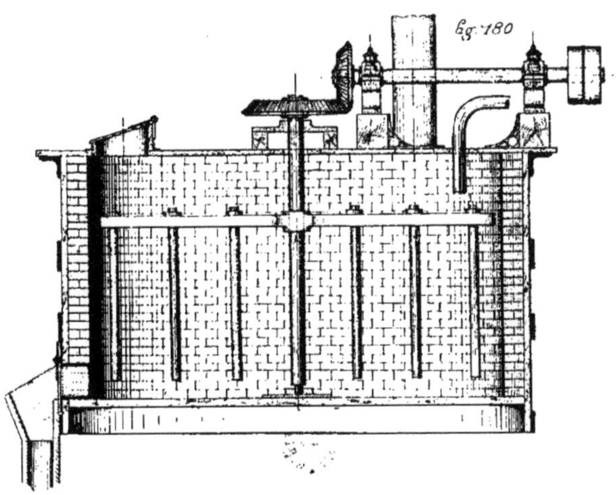

Fig 179, Malaxeur à axe vertical à palettes fixées direct. sur l'arbre. —
Fig 180, Malaxeur à axe vertical à ailettes horizontales et à palettes verticales.

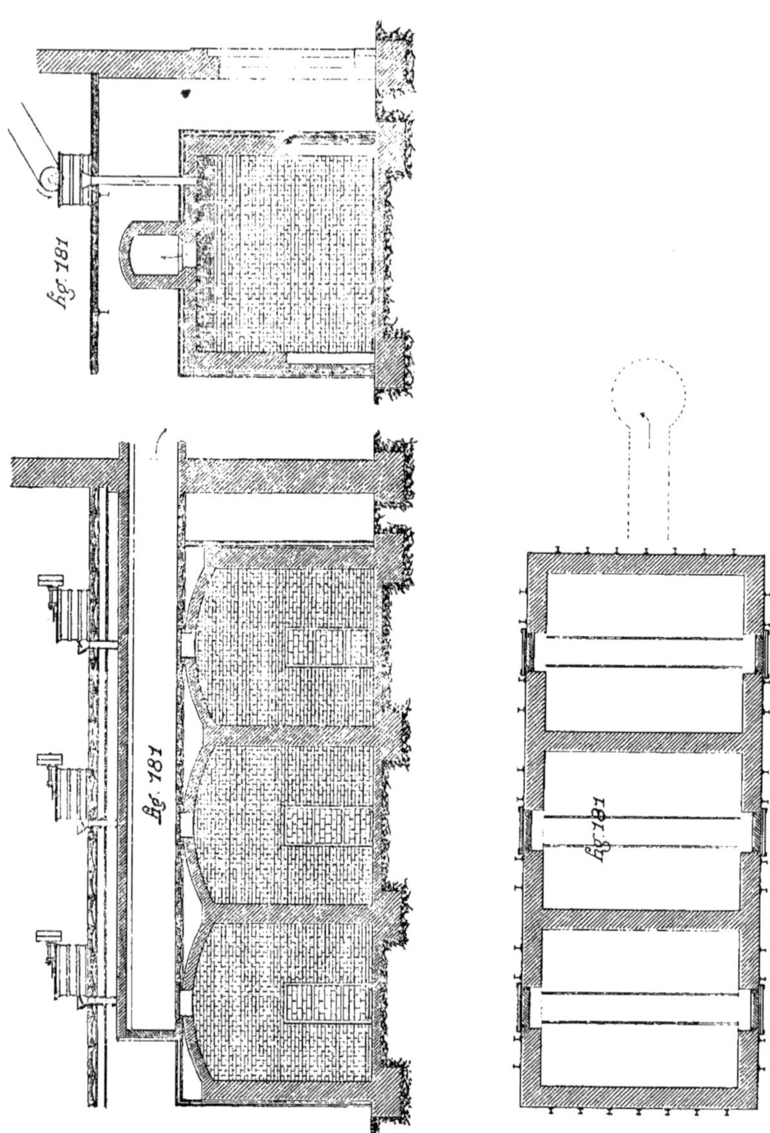

Fig. 181, Chambres à superphosphate.

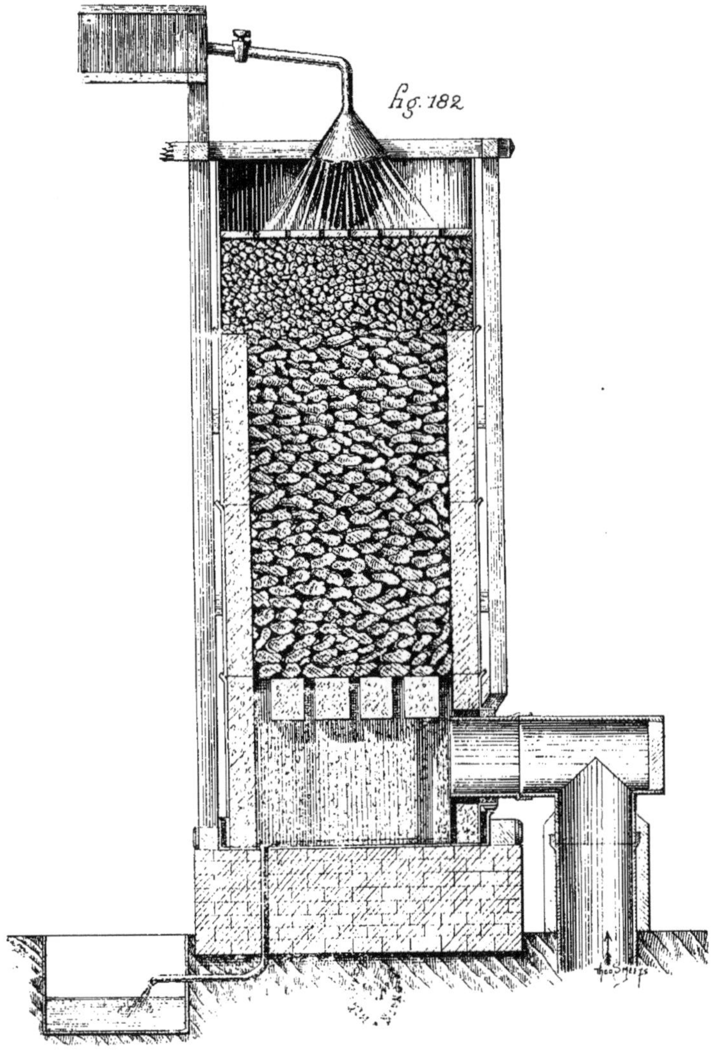

Fig. 182, Colonne à coke d'épuration.

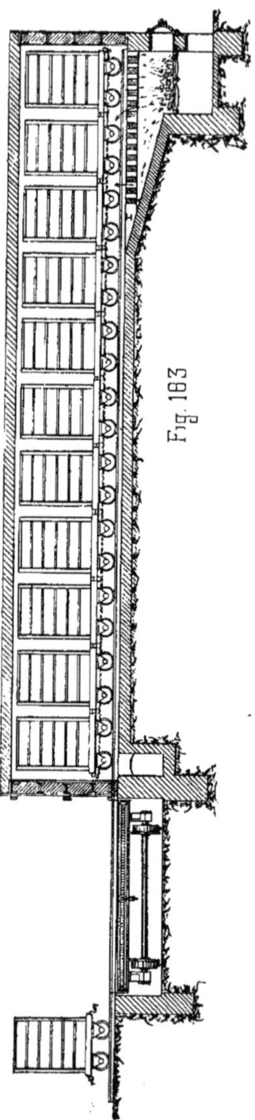

Fig. 183, Séchoir à superphosphate.

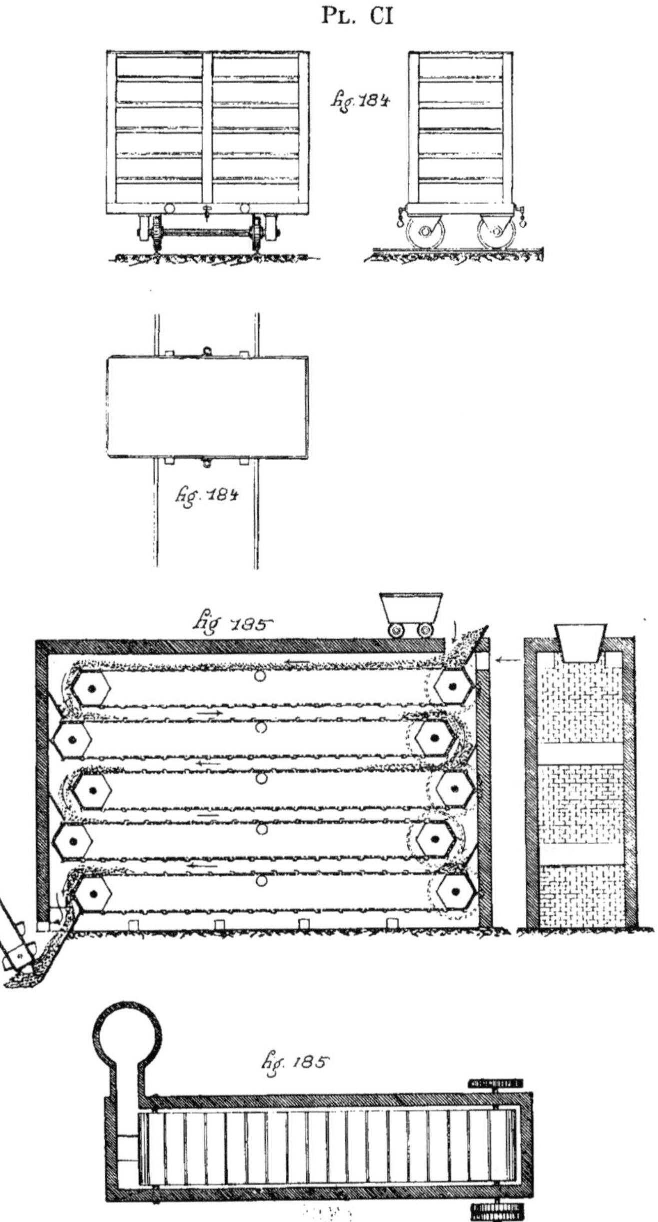

Fig 184, Wagonnet à étages. — Fig. 185, Séchoir-transporteur.

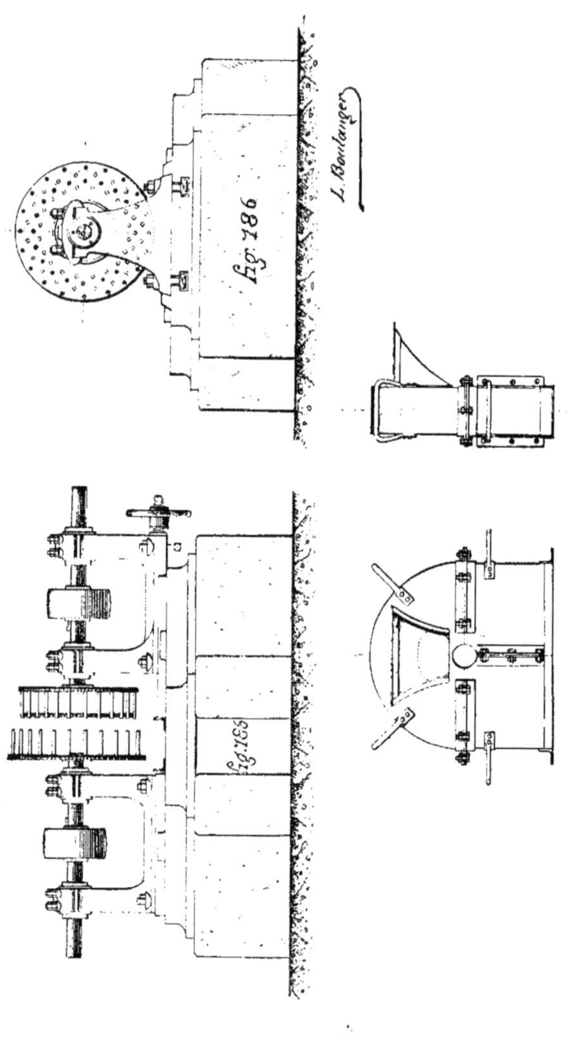

Fig. 186. Broyeur Karr modifié.

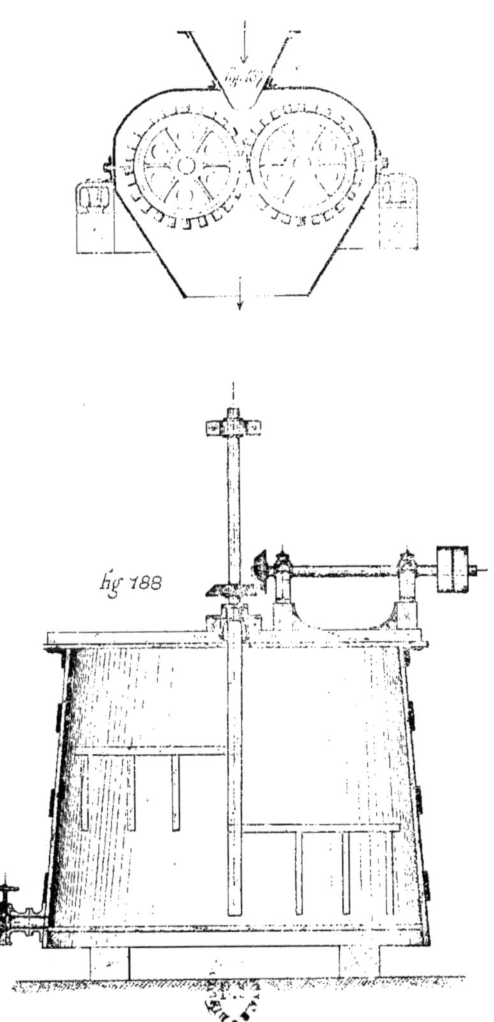

Fig. 187, Concasseur. — Fig. 188, Cuve à dissolution.

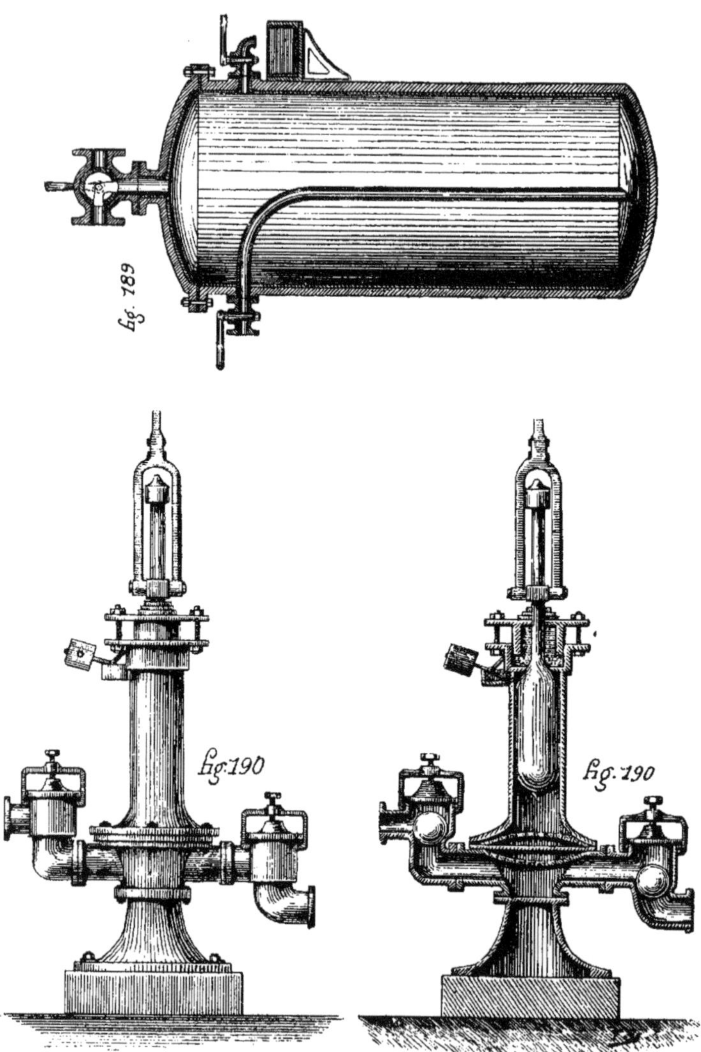

Fig. 189, Monte-jus doublé de plomb. — Fig. 190, Pompe à membrane.

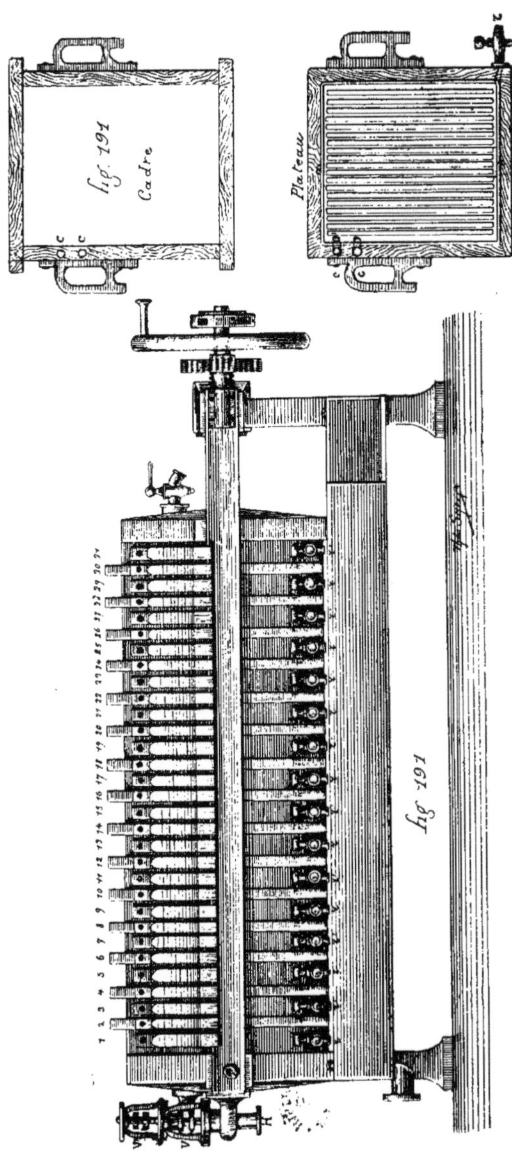

Fig. 191, Filtre-presse.

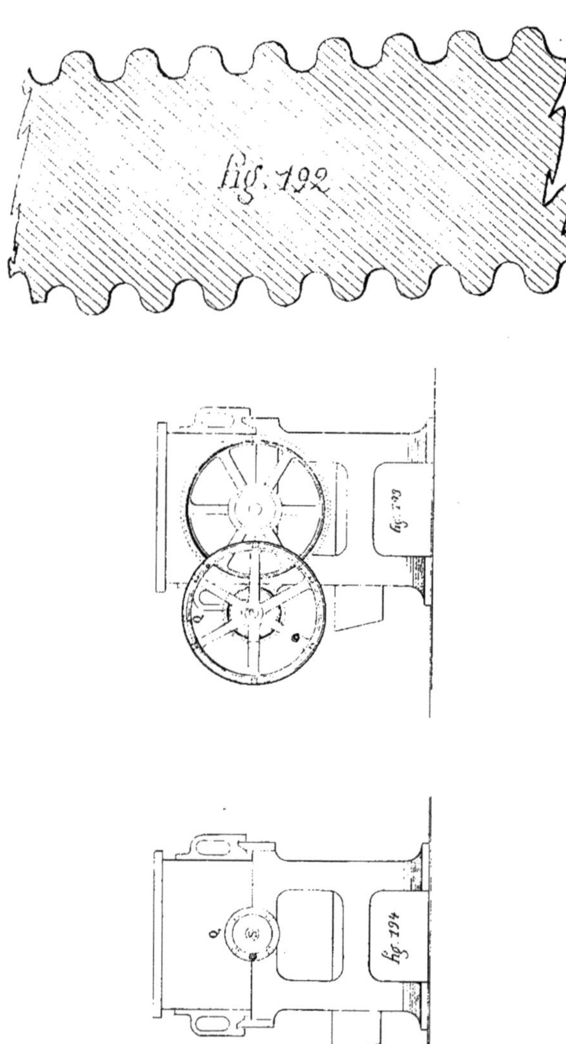

Fig 191, Coupe des rainures de plateau de filtre-presse. — Fig. 193, 194, Systèmes de serrage de presse.

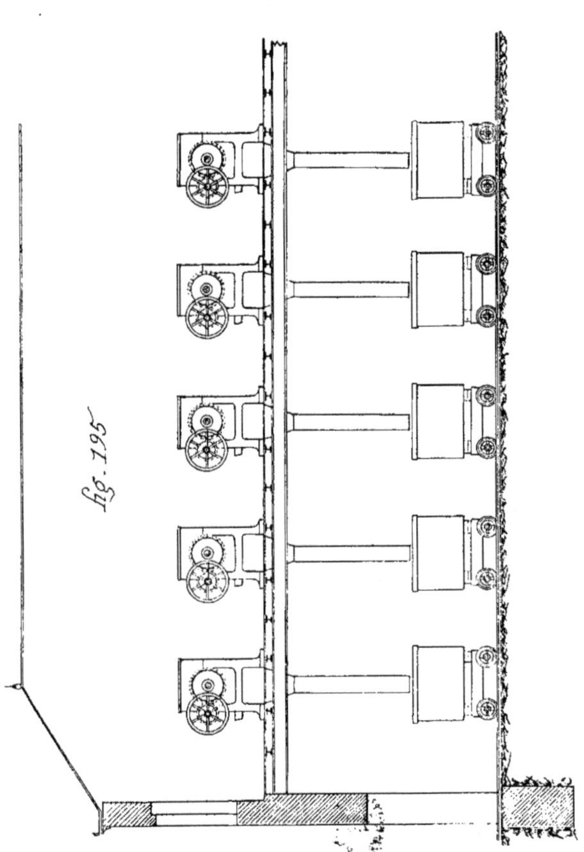

Fig. 195, Série de filtre-presses.

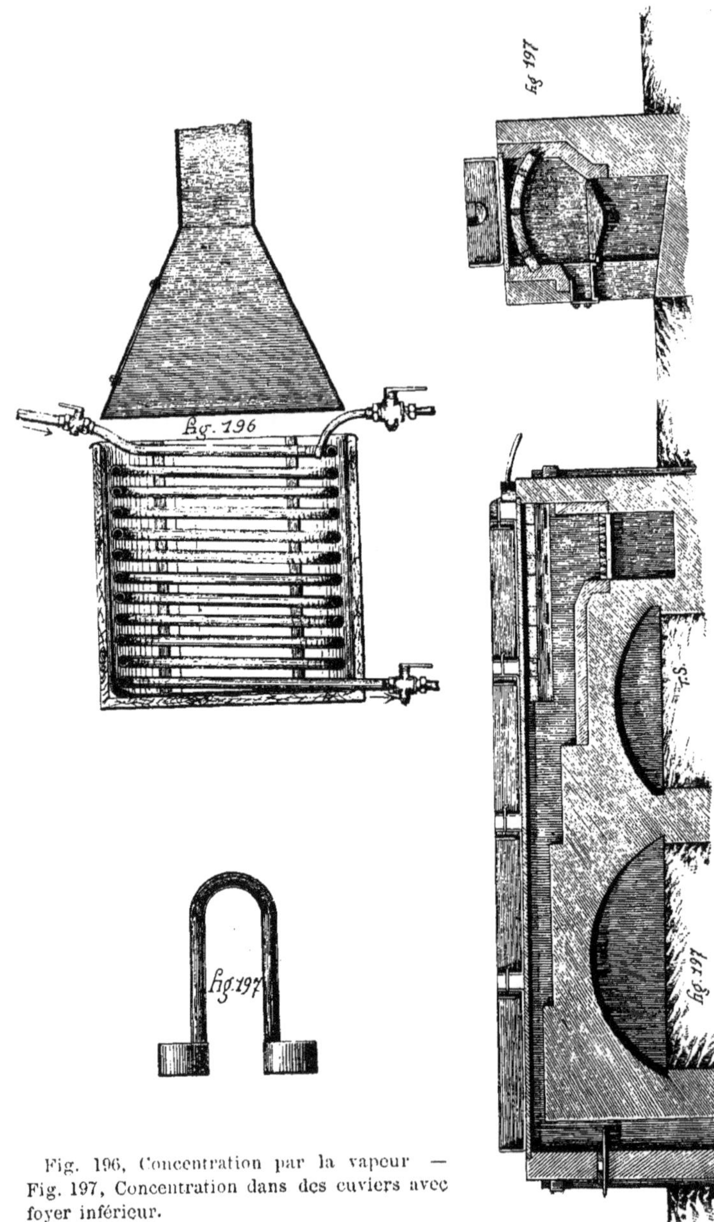

Fig. 196, Concentration par la vapeur —
Fig. 197, Concentration dans des cuviers avec
foyer inférieur.

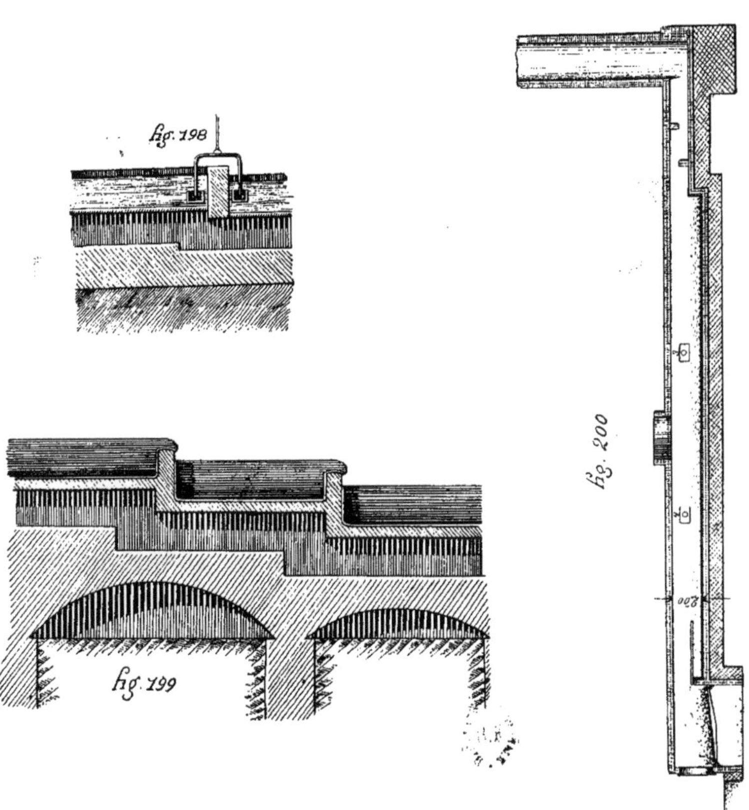

Fig. 198, 199, Concentration dans des cuviers avec foyer inférieur. —
Fig. 200, Concentration dans des fours à réverbère.

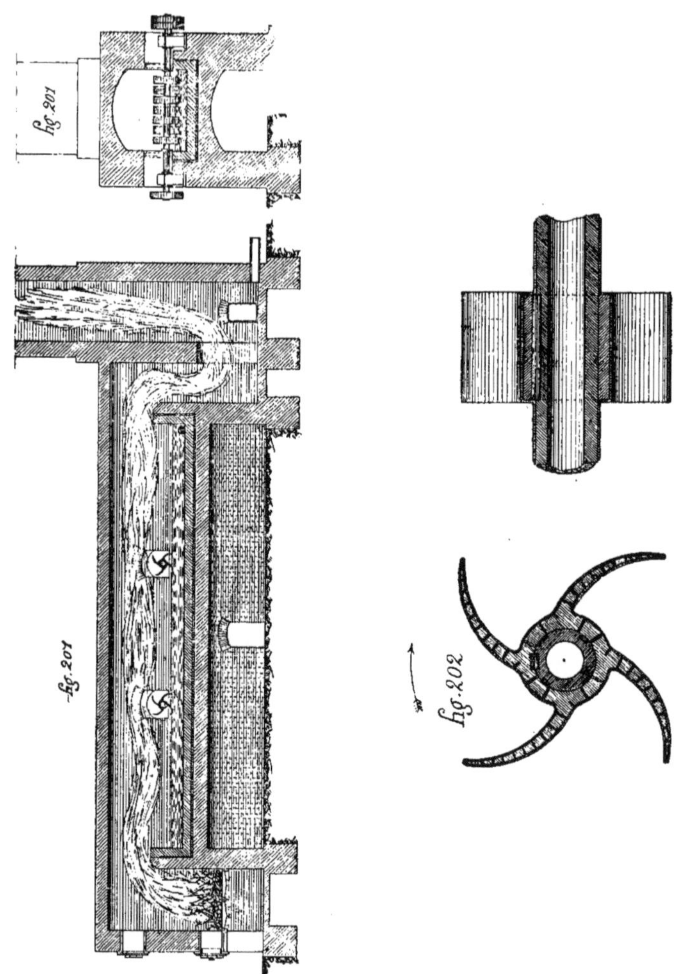

Fig. 201, Concentration dans des fours à bassin muni d'agitateurs. — Fig. 202, Agitateurs.

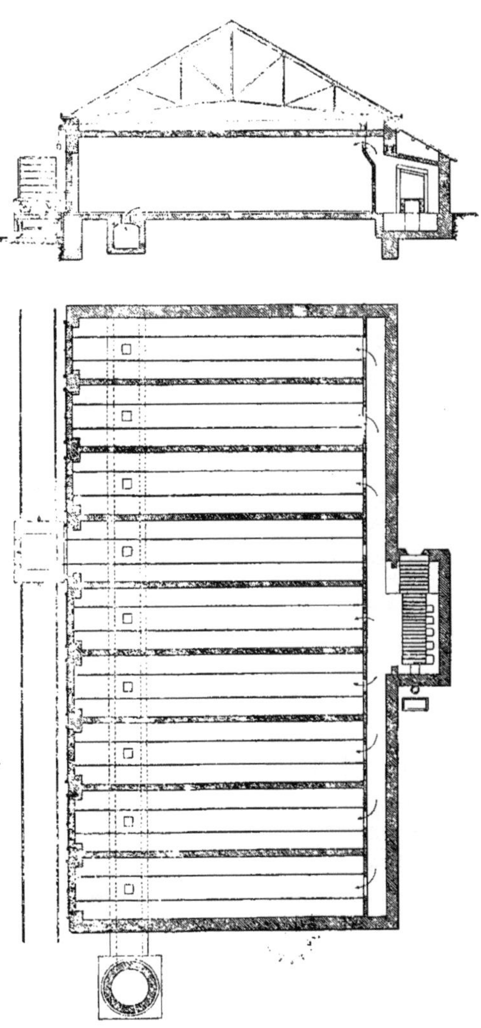

Fig. 203. Séchoir à phosphate précipité.

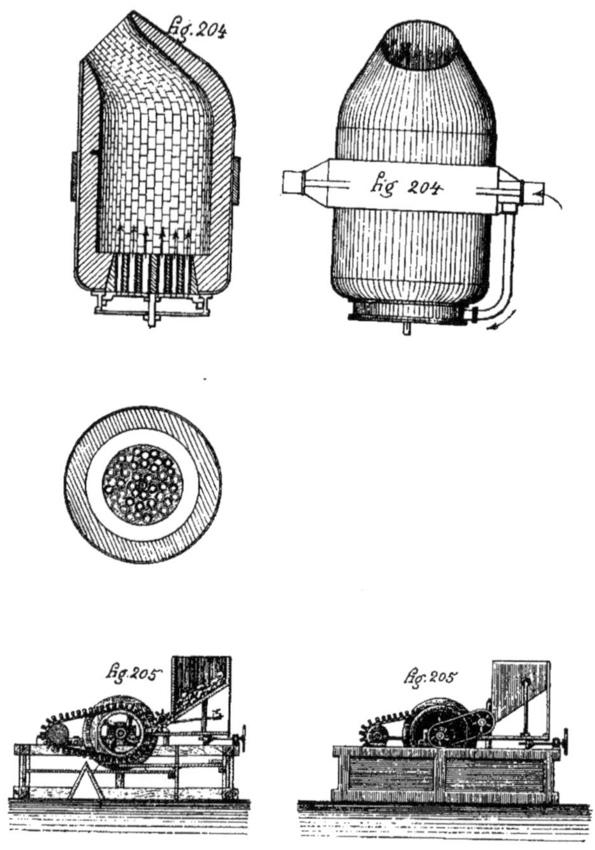

Fig 204, Convertisseur. — Fig. 205, Appareil magnétique.

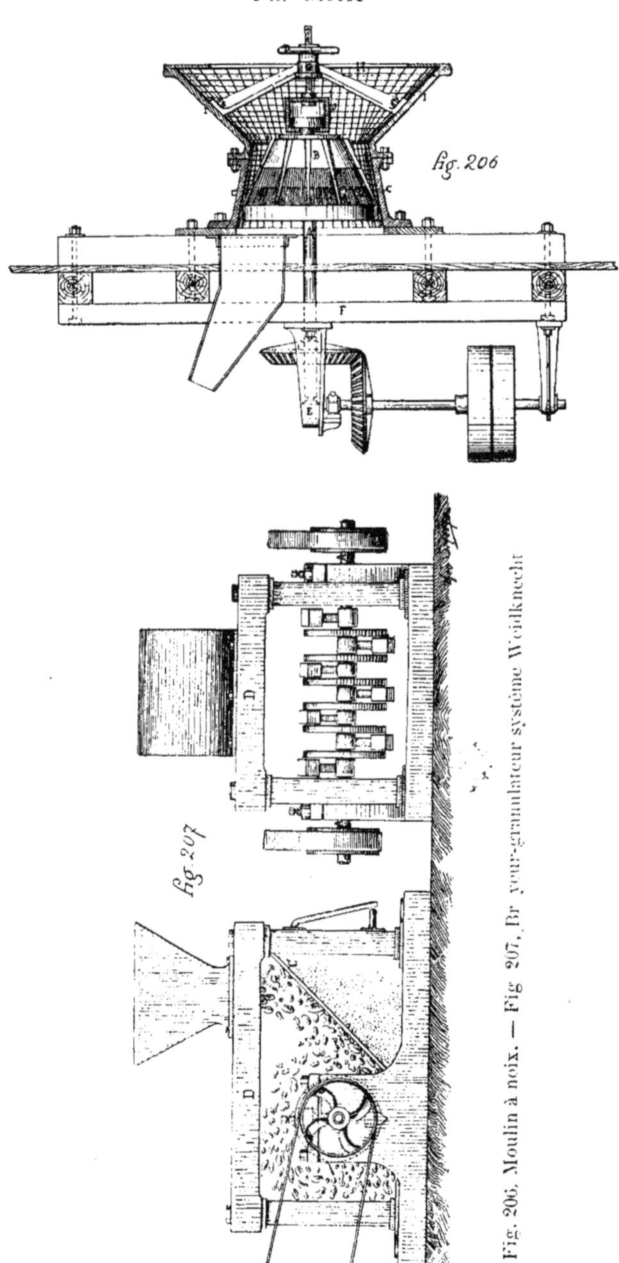

Fig. 206. Moulin à noix. — Fig 207. Broyeur-granulateur système Weidknecht

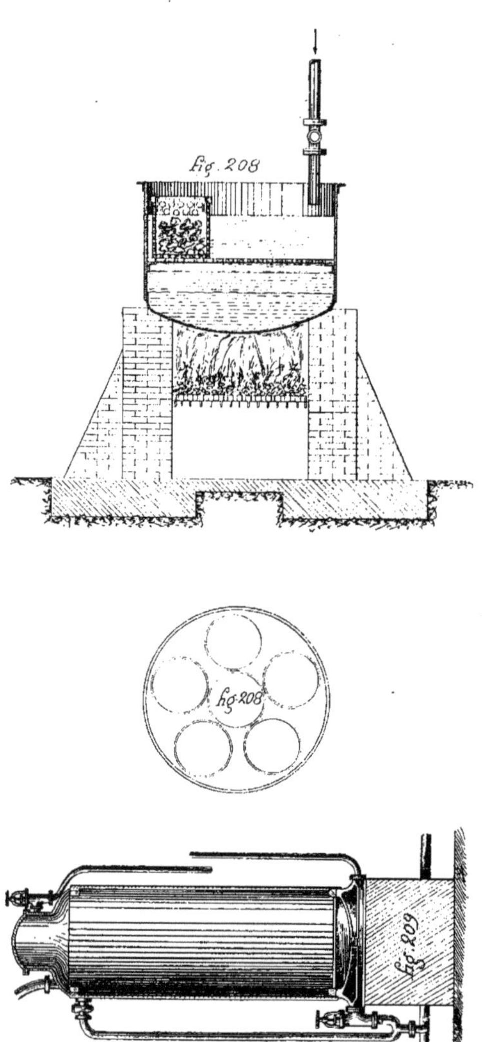

Fig. 208, Dégraisseur à double fond. — Fig. 209, Autoclave.

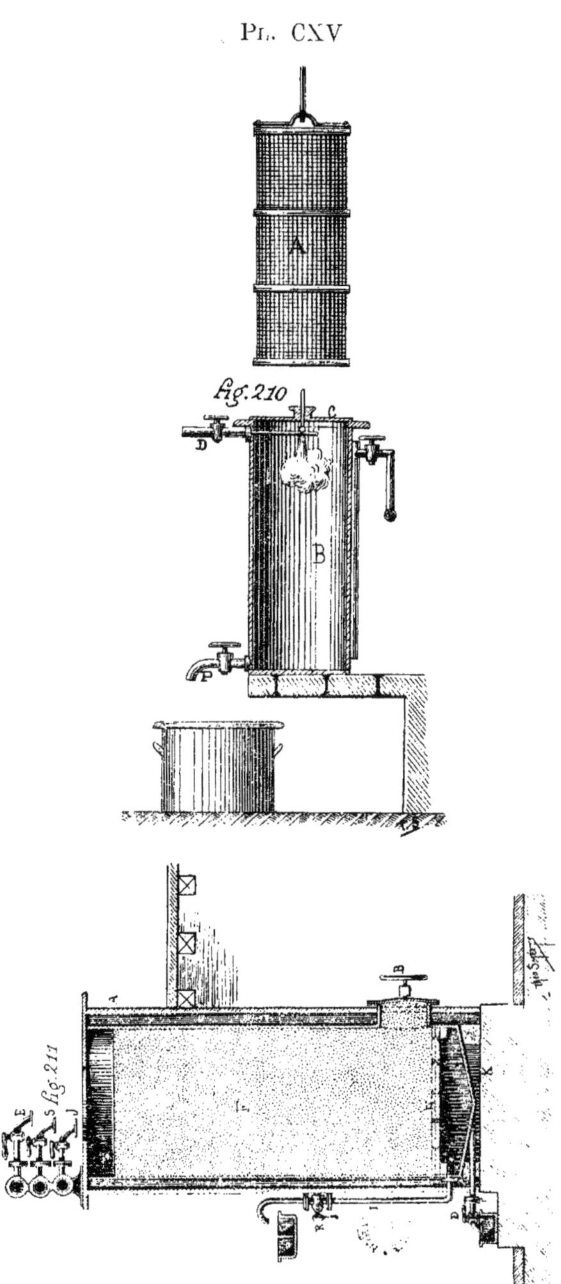

Fig. 210, Autoclave avec panier. — Fig. 211, Filtre à noir.

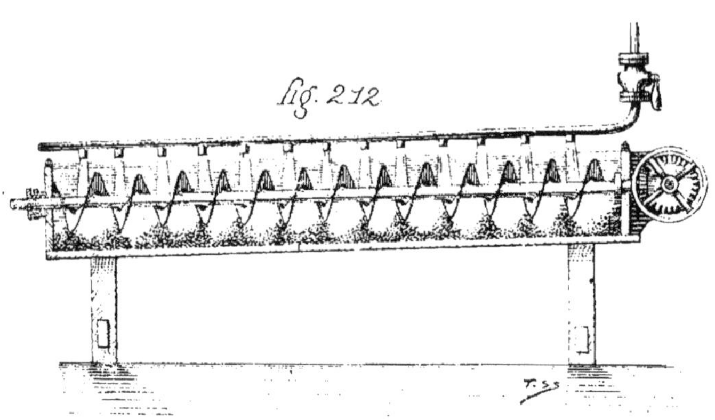

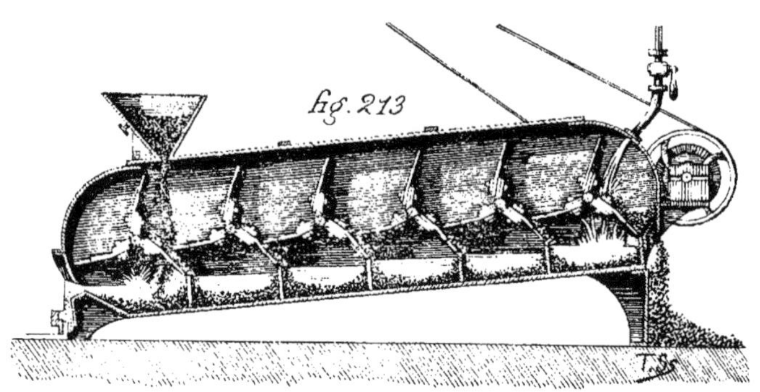

Fig. 212, Vis d'Archimède avec tuyau d'arrosage. — Fig. 213, Laveur Klusemann.

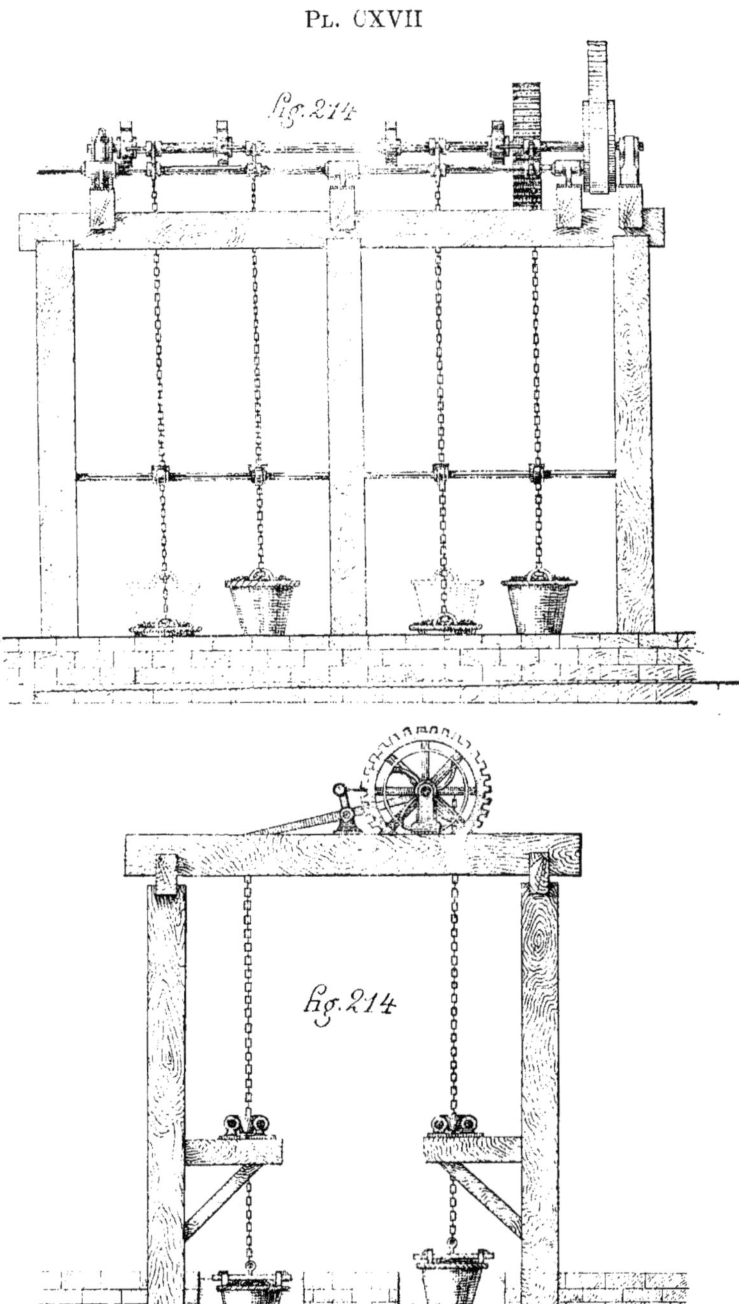

Fig. 214, Laveur Barbet.

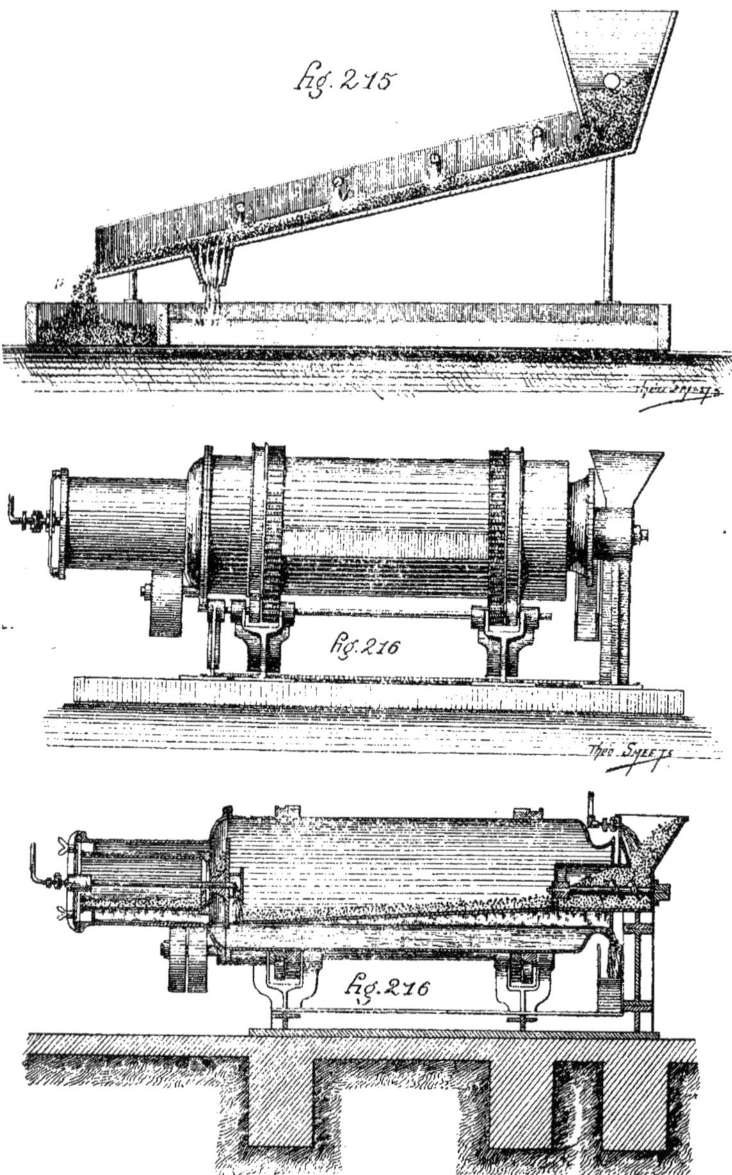

Fig. 215, Laveur autrichien. — Fig. 216, Laveur universel-rotatif.

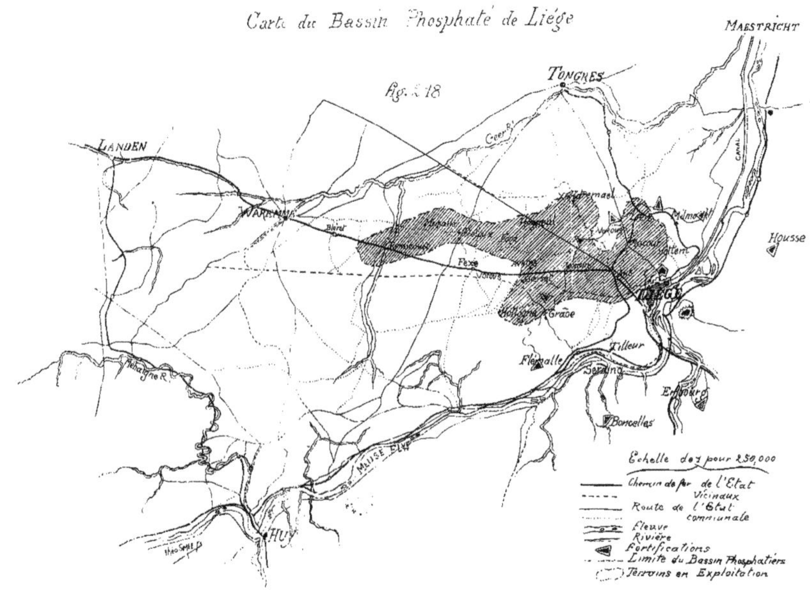

Carte du Bassin Phosphaté de Liége
Fig. 18
MAESTRICHT
TONGRES
LANDEN
WAREMME
Housse
Liége
HUY
Flemalle
Tilleur
Seraing
Boncelles
Echelle de 1 pour 250,000
Chemin de fer de l'Etat
Vicinaux
Route de l'Etat
communale
Fleuve
Rivière
Fortifications
Limite du Bassin Phosphatiers
Terrains en Exploitation

Carte du Bassin Phosphaté de la Caroline

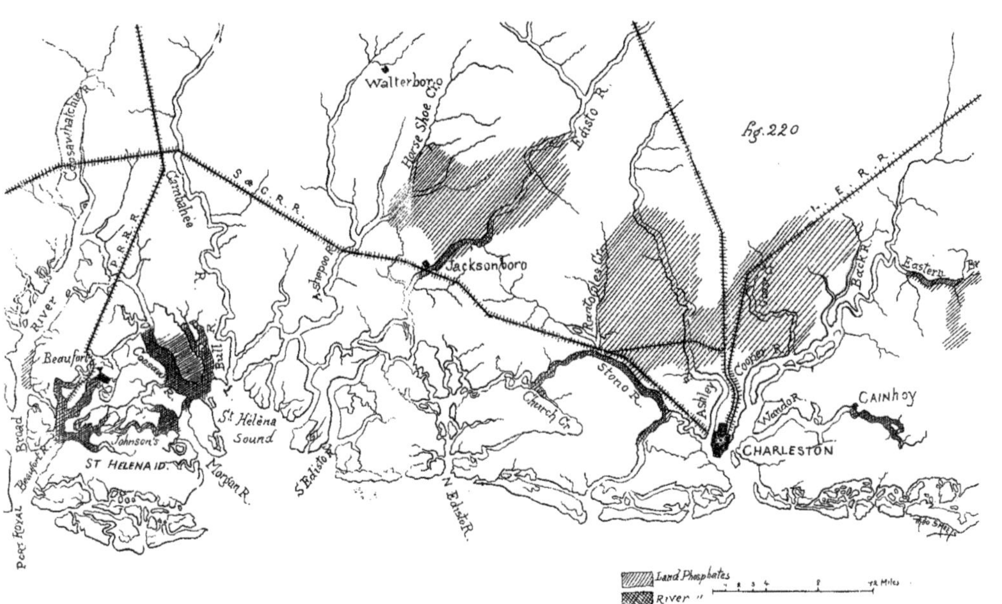

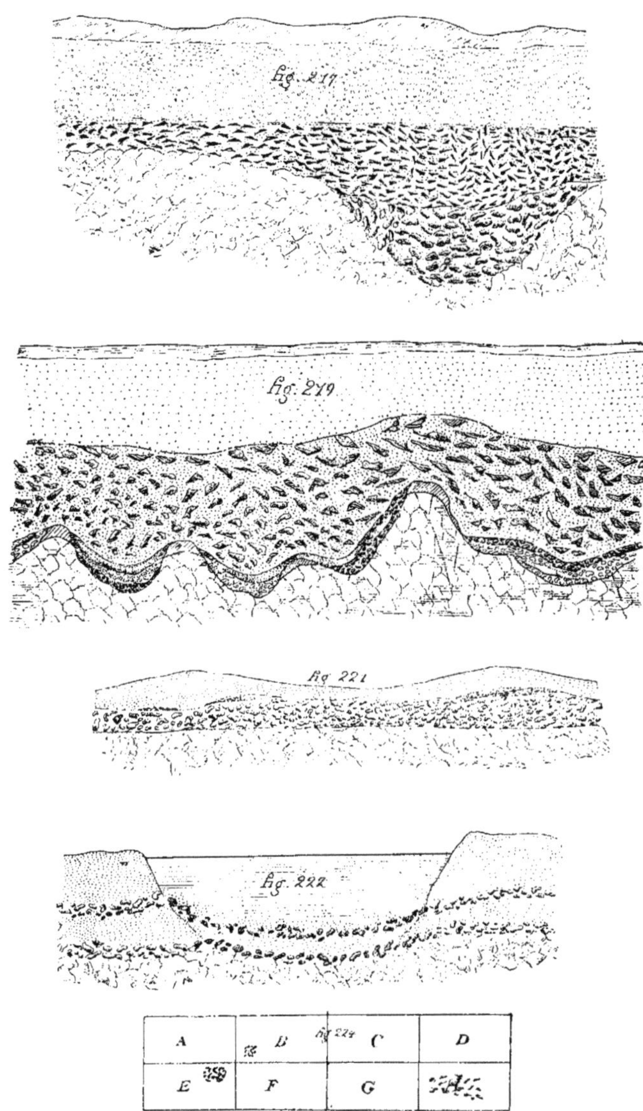

Fig. 217, Coupe-gisement du Cambrésis. — Fig. 219, Coupe-gisement de Liége. — Fig. 221, Coupe d'un gisement de *land phosphate* de la Caroline. — Fig. 222, Coupe de la rivière Coosaw. — Fig. 224, Champ de recherches.

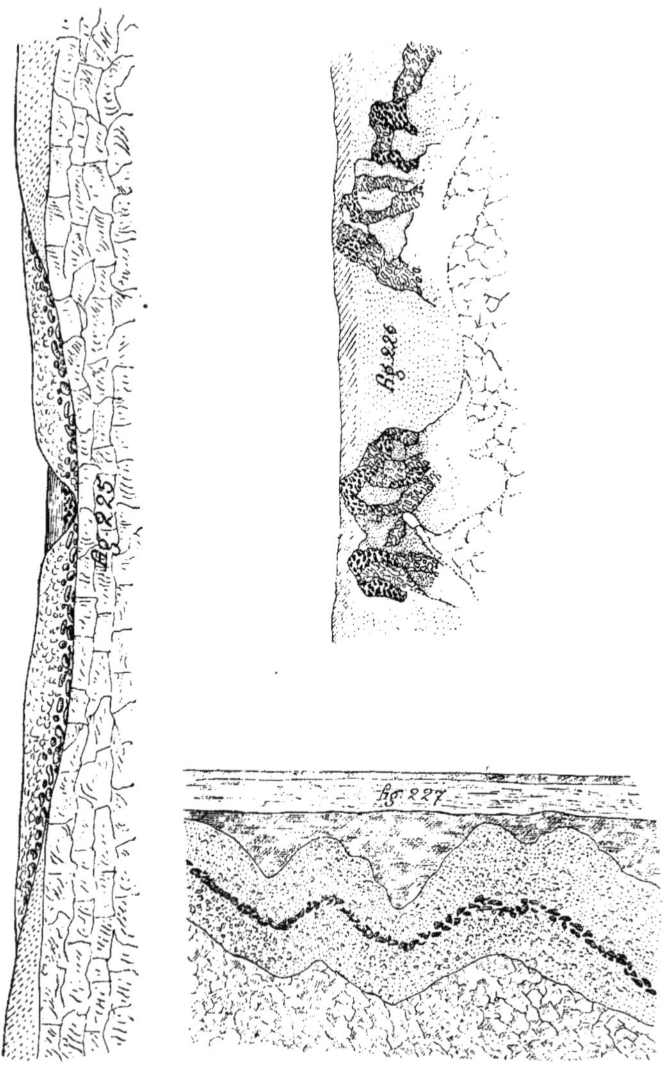

Fig. 225, Coupe d'un gisement de phosphate *de rivière et de campagne* de la Floride. — Fig. 226, Coupe d'un gisement de phosphate *de roche et de campagne* de la Floride. — Fig. 227, Coupe d'un gisement de craie phosphatée du Hainaut.

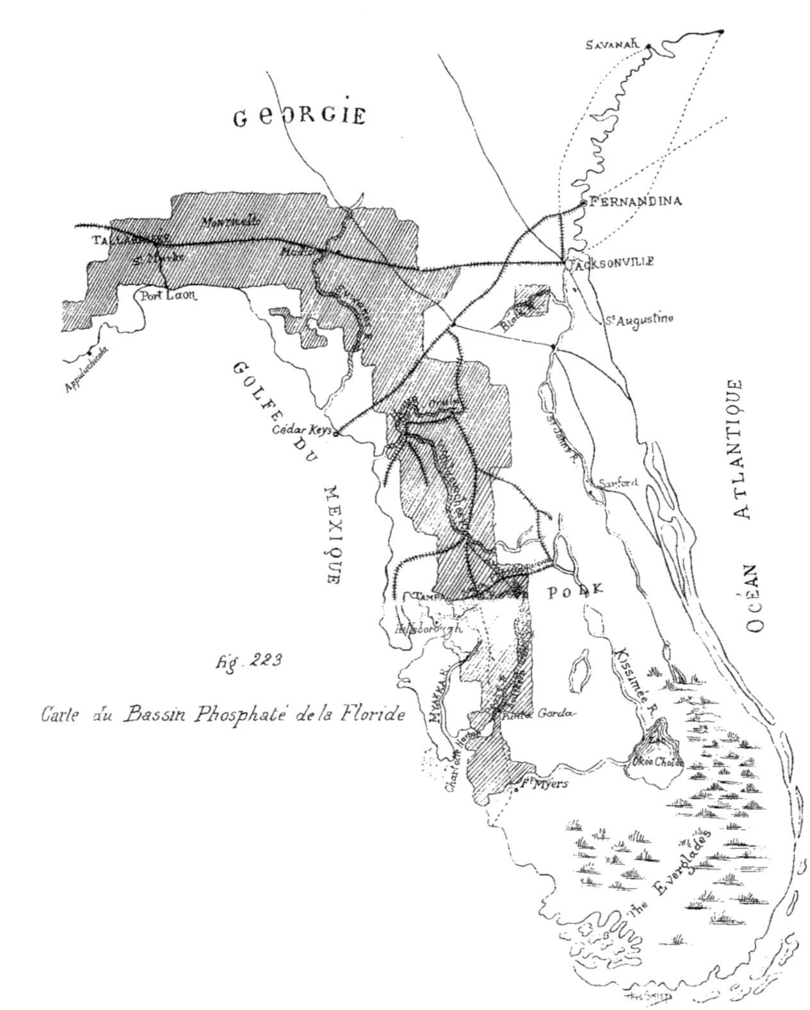

fig. 223

Carte du Bassin Phosphaté de la Floride

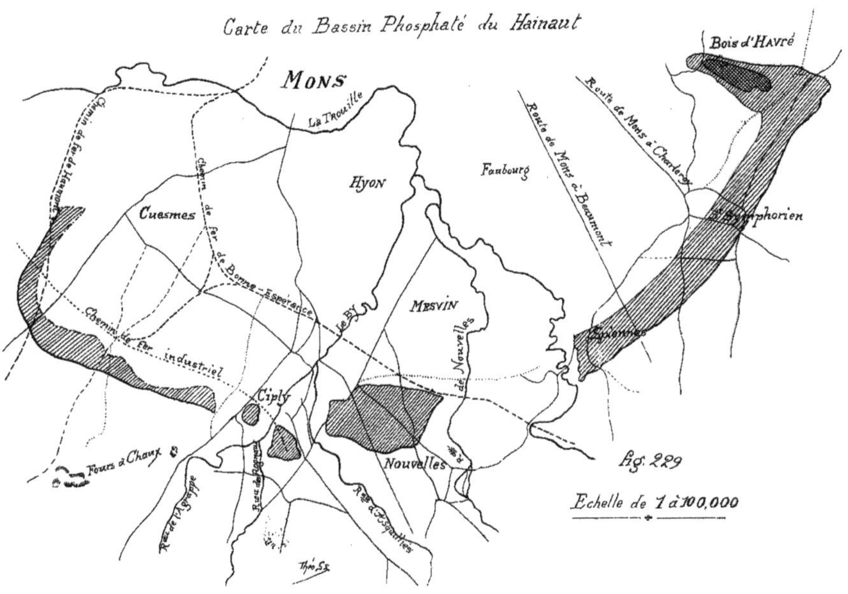

Carte du Bassin Phosphaté du Hainaut
MONS
Bois d'Havré
La Trouille
Chemin de fer de Hainaut
Chemin de fer de Bonne-Espérance
Chemin de fer industriel
Cuesmes
Hyon
Faubourg
Route de Mons à Beaumont
Route de Mons à Charleroi
St Symphorien
Mesvin
du Nouvelles
le Bÿ
Spiennes
Fours à Chaux
Ciply
Route de Frameries
Route de Nouvelles
Rue de Frameries
Nouvelles
fig. 229
Echelle de 1 à 100,000

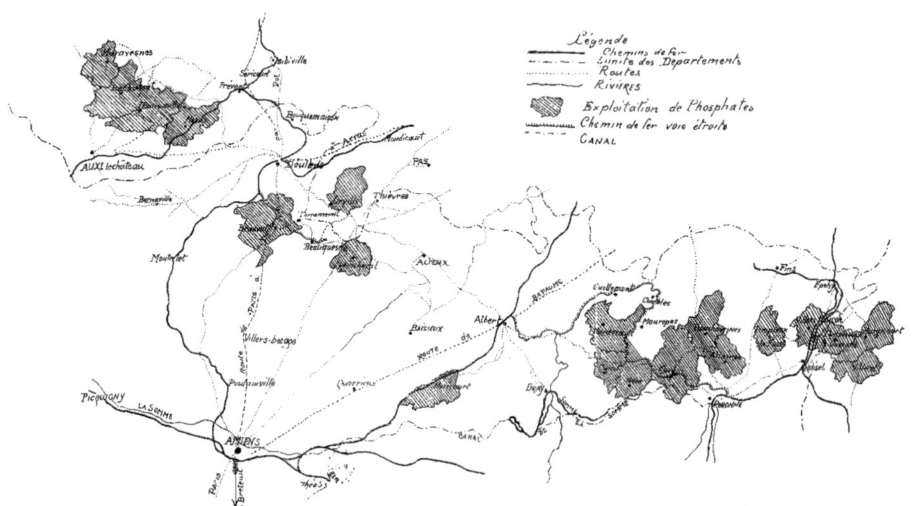

fig. 230. Carte du Bassin Phosphaté de la Picardie

Carte du Bassin Phosphaté du Canada
Fig. 232
ONTARIO
QUEBEC
BAIE GEORGES
LAC HURON
LAC ERIE
LAC ONTARIO
NEW YORK
VERMONT
NEW HAMPSHIRE
MAINE
Québec
Ottawa
Kingston
Belleville
Toronto
Hamilton
Rochester
Syracuse
Oswego
Port Hope
Guelph
Stratford
Goderich
Owen Sound
Collingwood
Saugeen
Peterborough
Ottawa R.
Saguenay R.
S. Laurent
Batavia
Lockport
Port Stanley
Port Colborne
Dunkirk
Arthabaska
Richmond
Newport
St Johns
Amprior
Pembroke

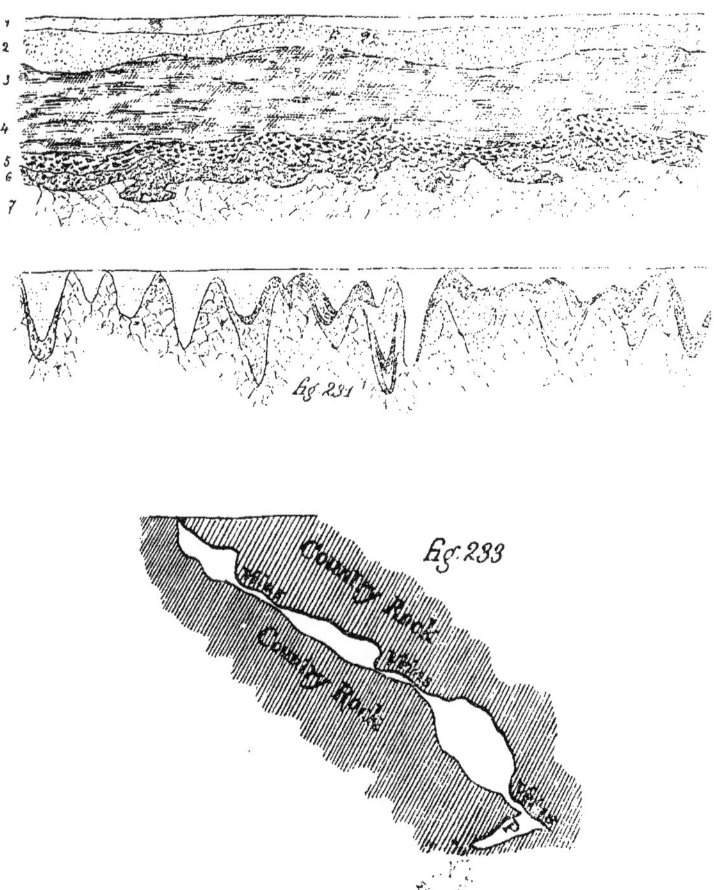

Fig. 228, Coupe d'un gisement de phosphate riche du Hainaut. — Fig. 231,
Coupe d'un gisement de phosphate de la Picardie — Fig. 233, Cours de l'apatite.

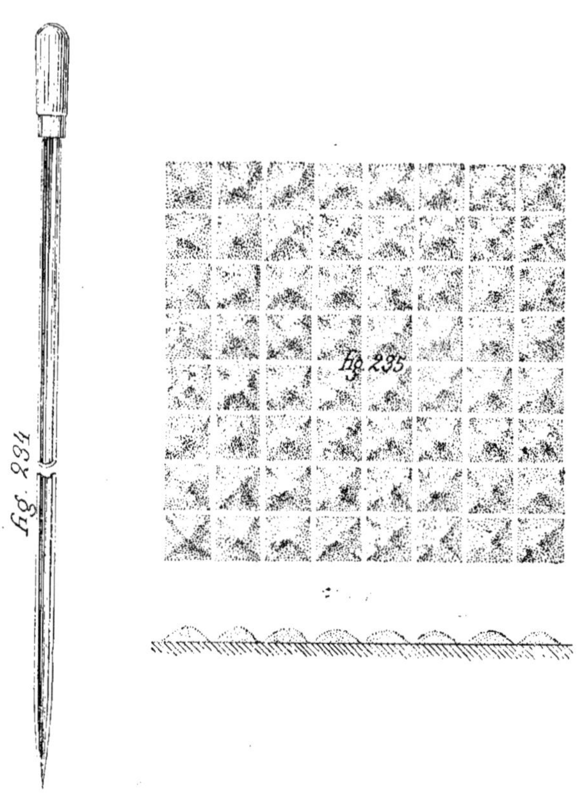

Fig. 234. Sonde d'échantillonneur. — Fig. 235, Plan d'échantillonnage

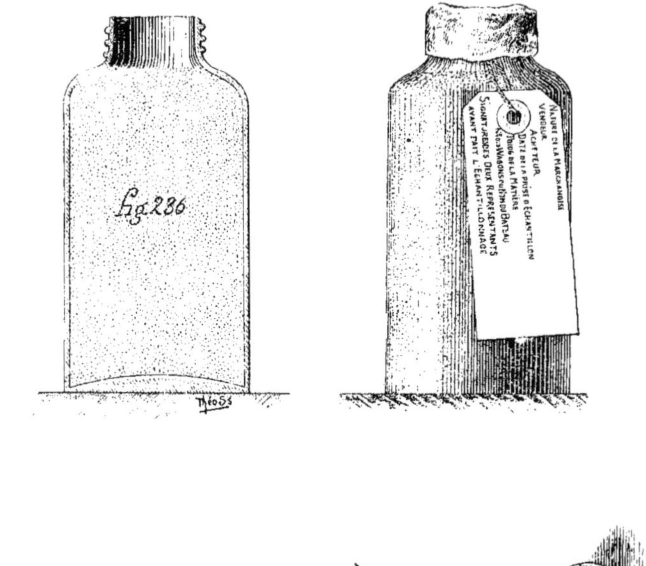

Fig. 236, Flacon d'échantillon. — Fig. 237, Appareil à dosage densimétrique.

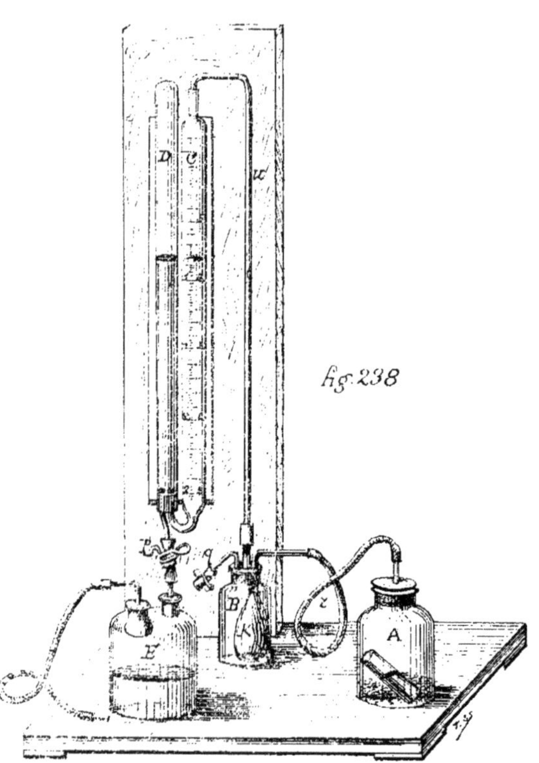

Fig. 238, Appareil Scheibler.

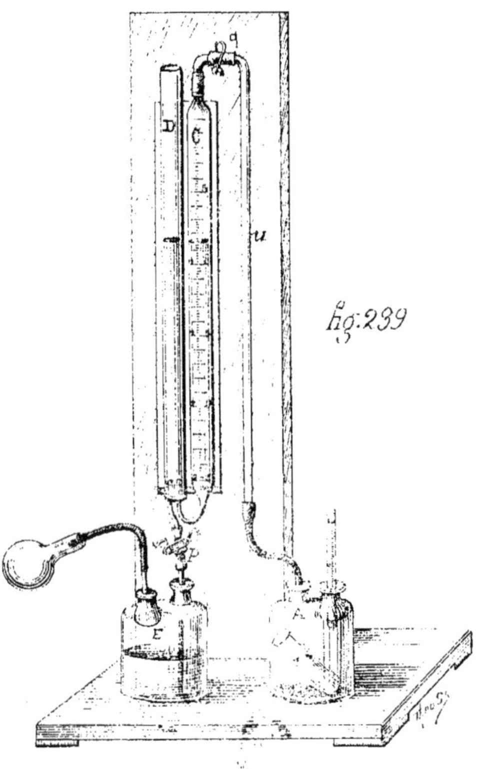

Fig. 239, Appareil à doser l'acide carbonique, pouvant servir en même temps au dosage de l'azote ammoniacal.

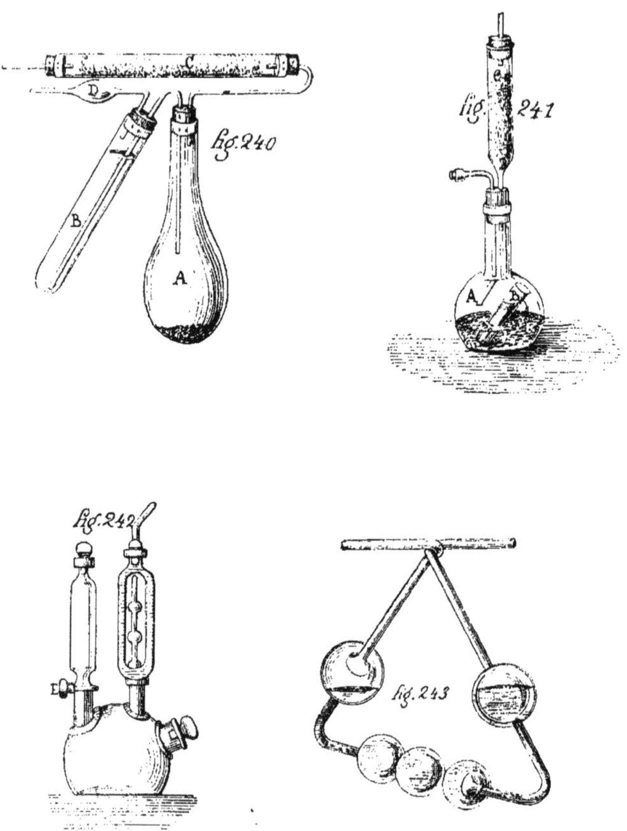

Fig. 240, 241, 242, Appareils à doser l'acide carbonique par perte de poids.—
Fig. 243, Tube à boules de Liebig.

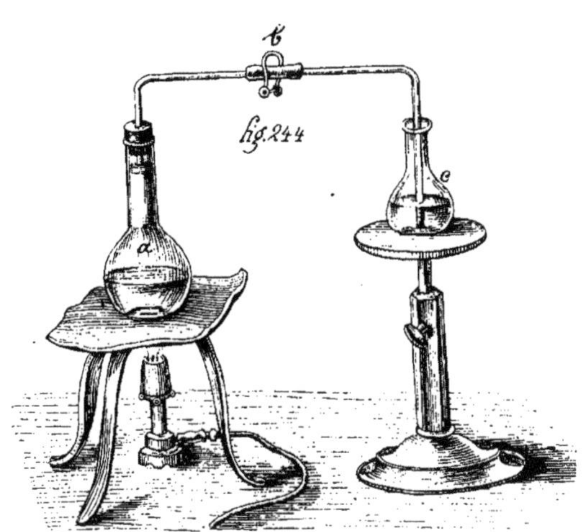

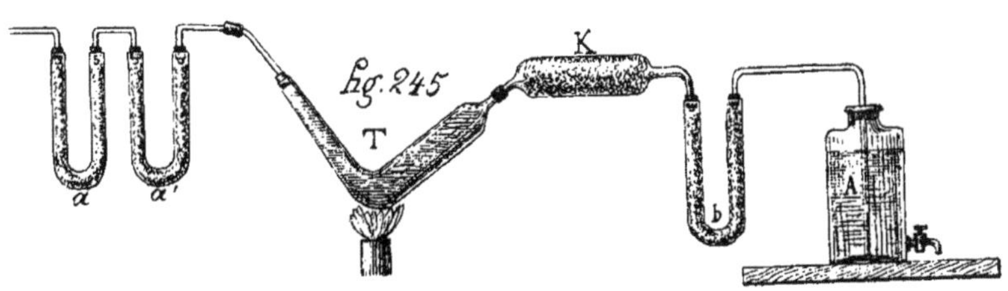

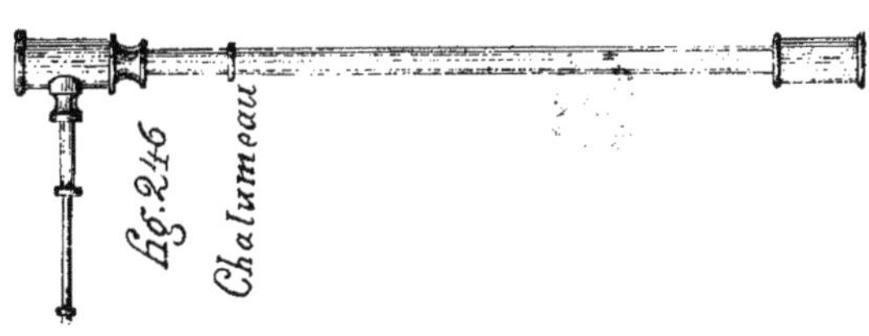

Fig. 244, Appareil pour le titrage par le fer métallique (dosage du fer). — Fig. 245, Tube pour le dosage du fluor. — Fig. 246, Chalumeau.